普通高等应用型院校"十二五"规划教材

Photoshop CS6 经典案例教程

主 编 李 满 王兆龙

副主编 冯鹏跃 李紫薇 李洪涛 张海燕 刘慧敏

中国水利水电出版社
www.waterpub.com.cn

内 容 提 要

本书通过八个项目，27 个任务的完成，系统地讲解了 Photoshop CS6 软件的基础知识和应用技巧。将知识学习融入项目任务的完成中，通过学习，最终能够使读者熟练应用 Photoshop CS6 完成较为复杂的符合客户要求的图形图像制作。

本书内容精炼，结构合理，由浅入深、循序渐进，理论与实践相结合，对项目任务，不仅有任务描述，还有任务分析和翔实的操作步骤，使读者学习知识的同时，学会分析问题和解决问题的能力，培养读者的创新精神和创作意识，是典型的"学、做、练"为一体的一体化教材。

本书适合于高职高专及应用型本科院校各类艺术性专业及相关专业的学生，也适合于各类技术学院、中专、相关培训机构和读者自学之用。

本书配有电子教案和实例素材，读者可以到中国水利水电出版社网站和万水书苑上免费下载，网址为 http://www.waterpub.com.cn/softdown/ 和 http://www.wsbookshow.com。

图书在版编目（ＣＩＰ）数据

Photoshop CS6经典案例教程 / 李满，王兆龙主编
. -- 北京：中国水利水电出版社，2015.1（2019.2 重印）
普通高等应用型院校"十二五"规划教材
ISBN 978-7-5170-2788-1

Ⅰ. ①P… Ⅱ. ①李… ②王… Ⅲ. ①图象处理软件－高等学校－教材 Ⅳ. ①TP391.41

中国版本图书馆CIP数据核字(2014)第308673号

策划编辑：石永峰　　　责任编辑：魏渊源　　　封面设计：李　佳

书　　　名	普通高等应用型院校"十二五"规划教材 Photoshop CS6 经典案例教程
作　　　者	主 编　李　满　王兆龙 副主编　冯鹏跃　李紫薇　李洪涛　张海燕　刘慧敏
出版发行	中国水利水电出版社 （北京市海淀区玉渊潭南路 1 号 D 座　100038） 网址：www.waterpub.com.cn E-mail: mchannel@263.net（万水） 　　　　sales@waterpub.com.cn 电话：(010) 68367658（发行部）、82562819（万水）
经　　　售	北京科水图书销售中心（零售） 电话：(010) 88383994、63202643、68545874 全国各地新华书店和相关出版物销售网点
排　　　版	北京万水电子信息有限公司
印　　　刷	三河市鑫金马印装有限公司
规　　　格	184mm×260mm　16 开本　15 印张　371 千字
版　　　次	2015 年 1 月第 1 版　2019 年 2 月第 3 次印刷
印　　　数	4001—5000 册
定　　　价	32.00 元

前　　言

Photoshop CS6 全称 Adobe Photoshop CS6 Extended，它继承了前期各版本的特点，同时又新增了许多新的功能，给设计爱好者提供了广阔的创作空间，是目前公认最好的通用平面设计软件。它也是高等职业院校艺术类相关专业、计算机相关专业必修课程之一。

本书用朴实的语言，通过项目任务的完成，由浅入深、循序渐进地讲解了 Photoshop CS6 软件的基础知识和应用技巧，使学生学以致用，是一本"知识的获得和能力的培养相融合"的一体化教材。

本书的内容是根据理论与实践、知识与能力的关系而设计的，突出实用性。在传统的知识讲授型教材的基础上，做了大胆的探索，避免了长篇大论的单纯讲授，将知识学习融入项目任务中完成，通过项目将各知识块连接起来，使知识块之间互相联系，互相巩固，让学生"主动参与"，实现"做中学"、"学中做"，保障知识的获得和能力培养的效果。

本书共分为八个项目，27 个任务，每个项目都是一个大的知识点，每个任务都根据项目知识点的要求而精选，使读者在任务的完成中学习各个知识点。每个任务都有制作效果图、任务分析和翔实的操作步骤，方便读者学习和理解，使读者不但能够快速入门，还可以举一反三，加深理解，融会贯通。

参与本书编写的作者都是具有丰富企业工作经验和从事一线教学工作多年的"双师型"教师，在编写过程中依据工作过程，把知识内容和项目实践高度融合。

本书由李满、王兆龙担任主编，负责拟定全书的编写提纲、编写指导和统稿、定稿，由冯鹏跃、李紫薇、李洪涛、张海燕和刘慧敏担任副主编。其中，项目一由冯鹏跃完成，项目二由李紫薇完成，项目三由李满完成，项目四由李满和王兆龙完成，项目五由张海燕完成，项目六由刘慧敏完成，项目七由李洪涛完成，项目八由王兆龙完成。另外周延飞、吕倩、杨冬梅、夏春梅、朱杰也参加了本书的编写。

本书在编写过程中还得到了梁玉国、夏传波、李海龙的大力支持，在此一并表示感谢。尽管编者不懈努力，多次修改，但能力水平总是有限，无论是结构还是内容难免有不足之处，希望广大读者在使用过程中多提宝贵意见，以便于今后的修改和完善。

本书中的所有素材、图片、效果图以及教学课件均可到中国水利水电出版社网站和万水书苑上免费下载，网址为 http://www.waterpub.com.cn/softdown/和 http://www.wsbookshow.com，方便读者学习参考。

编　者
2014 年 11 月

目　　录

前言

项目一　基本工具的使用 ……………………… 1

1.1　任务一　制作七星瓢虫 …………………… 1

　　1.1.1　任务描述 ……………………………… 1

　　1.1.2　任务分析 ……………………………… 1

　　1.1.3　初识 Photoshop CS6 ………………… 2

　　1.1.4　任务实施 ……………………………… 5

　　1.1.5　任务小结 ……………………………… 10

1.2　任务二　七星瓢虫回归大自然 …………… 10

　　1.2.1　任务描述 ……………………………… 10

　　1.2.2　任务分析 ……………………………… 11

　　1.2.3　任务实施 ……………………………… 11

　　1.2.4　任务小结 ……………………………… 15

1.3　任务三　制作靶心 ………………………… 16

　　1.3.1　任务描述 ……………………………… 16

　　1.3.2　任务分析 ……………………………… 16

　　1.3.3　标尺、参考线和网格 ………………… 16

　　1.3.4　任务实施 ……………………………… 17

　　1.3.5　任务小结 ……………………………… 22

1.4　任务四　人物面部祛斑 …………………… 22

　　1.4.1　任务描述 ……………………………… 22

　　1.4.2　任务分析 ……………………………… 23

　　1.4.3　任务实施 ……………………………… 23

1.5　强化训练 …………………………………… 25

项目二　图层 …………………………………… 26

2.1　任务一　绘制地毯 ………………………… 26

　　2.1.1　任务描述 ……………………………… 26

　　2.1.2　任务分析 ……………………………… 27

　　2.1.3　图层的基础知识 ……………………… 27

　　2.1.4　任务实施 ……………………………… 30

　　2.1.5　任务小结 ……………………………… 35

2.2　任务二　绘制梦幻圆角星星 ……………… 35

　　2.2.1　任务描述 ……………………………… 35

　　2.2.2　任务分析 ……………………………… 35

2.2.3　图层样式 ………………………………… 35

2.2.4　任务实施 ………………………………… 37

2.2.5　任务小结 ………………………………… 44

2.3　任务三　绘制彩妆效果 …………………… 44

　　2.3.1　任务描述 ……………………………… 44

　　2.3.2　任务分析 ……………………………… 44

　　2.3.3　图层的混合模式 ……………………… 44

　　2.3.4　任务实施 ……………………………… 45

　　2.3.5　任务小结 ……………………………… 48

2.4　强化训练 …………………………………… 49

项目三　文字应用 ……………………………… 51

3.1　任务一　制作背景字 ……………………… 51

　　3.1.1　任务描述 ……………………………… 51

　　3.1.2　任务分析 ……………………………… 52

　　3.1.3　文字工具 ……………………………… 52

　　3.1.4　任务实施 ……………………………… 52

　　3.1.5　任务小结 ……………………………… 56

3.2　任务二　制作特效字体 …………………… 56

　　3.2.1　任务描述 ……………………………… 56

　　3.2.2　任务分析 ……………………………… 57

　　3.2.3　任务实施 ……………………………… 57

　　3.2.4　任务小结 ……………………………… 61

3.3　任务三　制作琥珀文字 …………………… 62

　　3.3.1　任务描述 ……………………………… 62

　　3.3.2　任务分析 ……………………………… 62

　　3.3.3　任务实施 ……………………………… 62

　　3.3.4　任务小结 ……………………………… 69

3.4　强化训练 …………………………………… 69

项目四　图像编辑 ……………………………… 71

4.1　任务一　制作标志 ………………………… 71

　　4.1.1　任务描述 ……………………………… 71

　　4.1.2　任务分析 ……………………………… 71

　　4.1.3　任务实施 ……………………………… 72

  4.1.4 任务小结 ································ 78

 4.2 任务二 设计宣传海报 ·················· 79

  4.2.1 任务描述 ································ 79

  4.2.2 任务分析 ································ 79

  4.2.3 任务实施 ································ 80

  4.2.4 任务小结 ································ 85

 4.3 任务三 照片着色 ······················ 86

  4.3.1 任务描述 ································ 86

  4.3.2 任务分析 ································ 86

  4.3.3 创建与编辑路径 ···················· 86

  4.3.4 任务实施 ································ 87

  4.3.5 任务小结 ································ 93

 4.4 强化训练 ································ 93

项目五 图像色彩调整 ···················· 95

 5.1 任务一 制作快照 ······················ 95

  5.1.1 任务描述 ································ 95

  5.1.2 任务分析 ································ 96

  5.1.3 任务实施 ································ 96

  5.1.4 任务小结 ································ 99

 5.2 任务二 制作风景照 ·················· 99

  5.2.1 任务描述 ································ 99

  5.2.2 任务分析 ································ 99

  5.2.3 任务实施 ······························ 100

  5.2.4 任务小结 ······························ 109

 5.3 任务三 处理个性照片 ·················· 110

  5.3.1 任务描述 ······························ 110

  5.3.2 任务分析 ······························ 110

  5.3.3 任务实施 ······························ 110

  5.3.4 任务小结 ······························ 119

 5.4 强化训练 ······························ 120

项目六 蒙版和通道 ······················ 121

 6.1 任务一 合成图片 ······················ 121

  6.1.1 任务描述 ······························ 121

  6.1.2 任务分析 ······························ 122

  6.1.3 任务实施 ······························ 122

  6.1.4 任务小结 ······························ 125

 6.2 任务二 处理个人写真 ·················· 125

  6.2.1 任务描述 ······························ 125

  6.2.2 任务分析 ······························ 126

  6.2.3 通道的基本操作 ···················· 127

  6.2.4 任务实施 ······························ 130

  6.2.5 任务小结 ······························ 133

 6.3 任务三 处理婚纱照 ·················· 133

  6.3.1 任务描述 ······························ 133

  6.3.2 任务分析 ······························ 134

  6.3.3 任务实施 ······························ 134

  6.3.4 任务小结 ······························ 138

 6.4 强化训练 ······························ 138

项目七 滤镜应用 ······················ 140

 7.1 任务一 制作绚丽背景 ·················· 140

  7.1.1 任务描述 ······························ 140

  7.1.2 任务分析 ······························ 140

  7.1.3 任务实施 ······························ 141

  7.1.4 任务小结 ······························ 147

 7.2 任务二 制作节日烟花 ·················· 148

  7.2.1 任务描述 ······························ 148

  7.2.2 任务分析 ······························ 148

  7.2.3 任务实施 ······························ 148

  7.2.4 任务小结 ······························ 156

 7.3 任务三 制作水墨画 ·················· 156

  7.3.1 任务描述 ······························ 156

  7.3.2 任务分析 ······························ 157

  7.3.3 任务实施 ······························ 157

  7.3.4 任务小结 ······························ 169

 7.4 强化训练 ······························ 169

项目八 综合实例制作 ···················· 171

 8.1 任务一 《红楼梦》书籍封面设计 ······ 171

  8.1.1 任务描述 ······························ 171

  8.1.2 任务分析 ······························ 172

  8.1.3 任务实施 ······························ 172

  8.1.4 任务小结 ······························ 183

 8.2 任务二 糖果包装设计 ·················· 184

  8.2.1 任务描述 ······························ 184

  8.2.2 任务分析 ······························ 184

  8.2.3 任务实施 ······························ 185

  8.2.4 任务小结 ······························ 200

 8.3 任务三 POP广告设计 ················ 200

  8.3.1 任务描述 ·······························200

8.3.2 任务分析 ·················· 201

8.3.3 任务实施 ·················· 201

8.3.4 任务小结 ·················· 205

8.4 任务四 网站页面设计 ·············· 206

8.4.1 任务描述 ·················· 206

8.4.2 任务分析 ·················· 206

8.4.3 任务实施 ·················· 206

8.4.4 任务小结 ·················· 215

8.5 任务五 照片改色 ·············· 215

8.5.1 任务描述 ·················· 215

8.5.2 任务分析 ·················· 215

8.5.3 任务实施 ·················· 216

8.5.4 任务小结 ·················· 225

8.6 强化训练 ·················· 226

附录一 参考课时分配 ················ 228

附录二 Photoshop CS6 常用快捷键 ············· 229

参考文献 ·················· 232

项目一 基本工具的使用

本项目通过制作七星瓢虫、七星瓢虫回归大自然和靶心三个任务的完成，使读者能灵活掌握 Photoshop CS6 的选区工具、填充工具、简单绘制工具等基本工具的应用和使用技巧。

【能力目标】

- 了解 Photoshop CS6 的操作界面
- 认识工具箱
- 掌握选区工具的应用和使用技巧
- 掌握填充工具的应用和使用技巧
- 会使用绘制工具绘制简单图形

1.1 任务一 制作七星瓢虫

1.1.1 任务描述

利用 Photoshop CS6 制作如图 1-1 所示的七星瓢虫图。

图 1-1 "七星瓢虫"最终效果

1.1.2 任务分析

完成此任务，首先要新建一个适当大小的空白文档，勾画出七星瓢虫的基本轮廓并填充颜色，使其达到所需要的色彩渐变效果，然后制作七星瓢虫的头部效果，最后制作瓢虫身体上的斑点，并对图形进行适当调整，得到最终效果，保存即可完成。

知识点：

1. 椭圆选区工具
2. 油漆桶工具和渐变工具
3. 简单绘制工具

1.1.3 初识 Photoshop CS6

1. Photoshop CS6 简介

Photoshop CS6 是 Adobe 公司推出的一款非常优秀的图形图像处理软件，曾被业界认为是 Adobe 产品史上最大的一次升级。Photoshop CS6 继承了前期各版本的优点，同时又新增了许多新的功能，整合了 Adobe 专有的 "Mercury Graphics Engine" 设计开发引擎，可帮助用户更加精准地完成图片编辑；为用户提供了一些新的选择工具和全新的软件 UI，用户可完全创造属于自己的标准网页，方便用户抠图等操作；允许用户在图片和文件内容上进行渲染模糊特效，提供了一种全新的视频操作体验；为摄影师提供了基本的视频编辑功能，同时在指针、图层、滤镜等各方面也发生了不同程度的变化。

因此，Adobe Photoshop CS6 中文版深受广大平面设计人员和电脑美术爱好者的喜爱。给设计爱好者提供了广阔的创作空间，是一款集图像扫描、编辑修改、图像制作、广告创意，图像输入与输出于一体的图形图像处理软件，因此目前 Photoshop CS6 广泛应用于广告、出版、摄影、企业形象设计等领域。

如图 1-2 所示，是 Photoshop CS6 在各行业中的一些典型应用实例。

图 1-2 Photoshop CS6 在各行业中的应用实例

2. Photoshop CS6 操作界面

单击【开始】→【程序】→【Adobe Photoshop CS6】命令，或单击桌面上的 "Adobe Photoshop CS6" 的快捷按钮，启动 Photoshop CS6 后，即可打开操作界面，如图 1-3 所示。

图 1-3　Photoshop CS6 操作界面

- 菜单栏：为整个环境下的所有窗口提供菜单的控制。
- 属性栏：可以完成工具箱中各种工具的参数调整与设置，点击不同的工具显示该对应工具的属性。
- 工具箱：在 Photoshop CS6 的工具箱中包含有 40 多种工具，要具体使用某种工具，单击该工具即可。
- 面板：面板主要用来方便对图像进行各种编辑和操作。
- 状态栏：它能够提供当前操作的状态信息。
- 图像窗口：用来显示制作中的图像。

3. 工具箱

- 工具箱的切换：为了制作图像时拥有更宽阔的空间，工具箱可以双栏、单栏相互切换，单击工具箱上部的按钮"　"，即可完成切换，如图 1-4 所示。

图 1-4　工具箱切换

● 认识工具：Photoshop CS6 工具箱中的工具如图 1-5 所示。

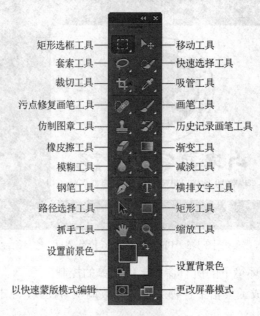

矩形选框工具———————移动工具
套索工具———————快速选择工具
裁切工具———————吸管工具
污点修复画笔工具———————画笔工具
仿制图章工具———————历史记录画笔工具
橡皮擦工具———————渐变工具
模糊工具———————减淡工具
钢笔工具———————横排文字工具
路径选择工具———————矩形工具
抓手工具———————缩放工具
设置前景色———————
———————设置背景色
以快速蒙版模式编辑———————更改屏幕模式

图 1-5　工具箱中的工具

● 隐藏工具：在工具箱中，多数工具的右下角都有一个黑色的小三角"▟"标记，表示在该工具下还有隐藏的工具。用鼠标左键单击工具箱中右下角有小三角的工具按钮，并按着鼠标不放，就会弹出该工具的隐藏工具；或用鼠标右键单击有小三角的工具按钮，也会显示出该工具的隐藏工具，如图 1-6 所示。

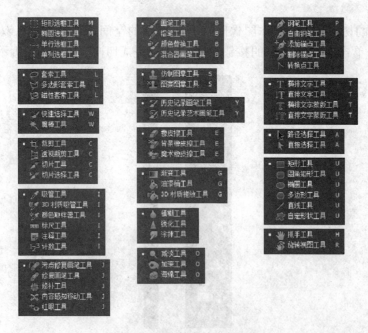

图 1-6　工具箱中的隐藏工具

1.1.4 任务实施

步骤1 勾画七星瓢虫的基本形状

（1）在 Photoshop CS6 的操作界面中，选择菜单栏中的【文件】→【新建】命令，或按"Ctrl+N"组合键，弹出"新建"对话框，参数设置如图1-7所示，单击"确定"按钮，建立一个"七星瓢虫.psd"文件。

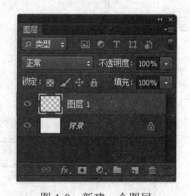

图1-7 新建文件

小技巧：按住"Ctrl"键的同时双击灰色的空白处，也可打开"新建"对话框。

（2）单击"面板"区域中"图层"面板右下角的创建新图层" ⬚ "按钮，建立一个新图层，如图1-8所示。

（3）选择工具箱中的椭圆选框工具" ○. "按钮，绘制一个适当大小的椭圆选区，如图1-9所示。

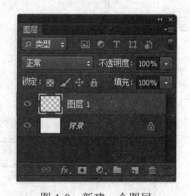

图1-8 新建一个图层

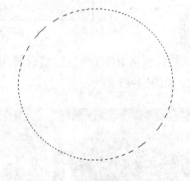

图1-9 绘制一个圆形选区

小技巧：按住"Shift+Alt"键可以绘制一个正圆或者正方形的选区。

步骤2 填充颜色，达到图形所要求的色彩效果

（1）单击工具箱中的"渐变工具"，在属性栏中单击可编辑渐变" ▆▆▆▆ ▾ "按钮，弹出"渐变编辑器"对话框，如图1-10所示。

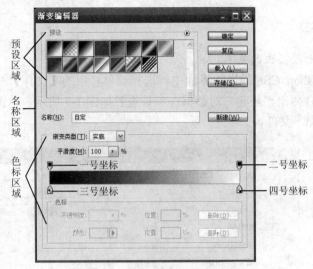

图 1-10 "渐变编辑器"对话框

（2）双击三号坐标，弹出"选择色标颜色"对话框，如图 1-11 所示。

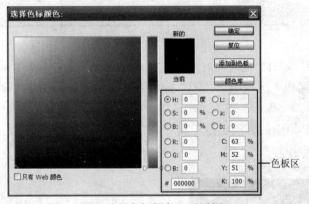

图 1-11 "选择色标颜色"对话框

（3）将色板区 RGB 颜色数值设置为 R：245，G：199，B：87，如图 1-12 所示，单击"确定"按钮，如图 1-13 所示。

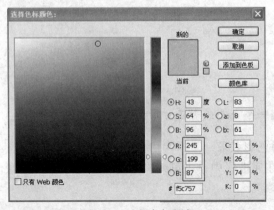

图 1-12 选择色标颜色

图 1-13 渐变编辑器

（4）双击四号色标将色板区 RGB 颜色数值设置为 R：134，G：63，B：5，如图 1-14 所示，单击"确定"按钮，如图 1-15 所示。

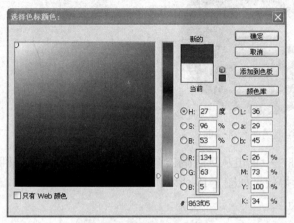

<table>
<tr><td>图 1-14　选择色标颜色</td><td>图 1-15　渐变编辑器</td></tr>
</table>

小知识：渐变工具属性栏可以选择或者编辑渐变效果，该工具提供了五种渐变效果，分别是线性渐变、径向渐变、角度渐变、对称渐变和菱形渐变，如图 1-16 所示。

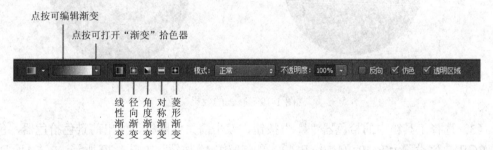

图 1-16　渐变工具属性栏

（5）选择属性栏中的径向渐变""按钮，同时按住"Shift"键在圆形选区内进行拉伸填充，绘制出瓢虫的身体，如图 1-17 所示。

图 1-17　填充后的效果

步骤 3　制作七星瓢虫的头部效果

（1）按"Ctrl+D"组合键取消选区，并在瓢虫的身体上绘制一个椭圆选区，如图 1-18 所示。

图 1-18　绘制另一个椭圆的效果

（2）单击"矩形选区"工具，在属性栏中单击从选区减去"⬚"按扭，拖动鼠标在椭圆选区上绘制一个适当大小的矩形选区，所得效果如图 1-19 所示。

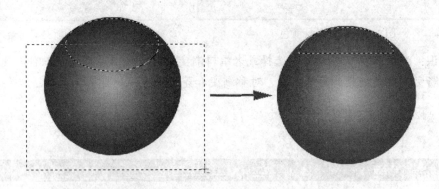

图 1-19　减去的效果

（3）选择工具箱中的拾色器"⬚"按钮，双击前景色图标，弹出前景色拾色器，色板区中的 RGB 数值设置为 R：0，G：0，B：0，单击"确定"按钮，如图 1-20 所示。按"Alt+Delete"组合键进行颜色填充，并取消选区，如图 1-21 所示。

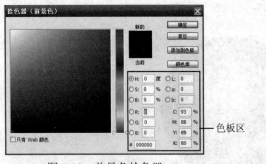

图 1-20　前景色拾色器

图 1-21　前景色填充后的效果

小知识：

1）拾色器是在工具箱中设置前景色和背景色的工具，可以通过该工具设置当前的前景色和背景色，如图 1-22 所示。

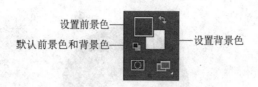

设置前景色
默认前景色和背景色
设置背景色

图 1-22　拾色器

2）单击工具箱中的"默认前景色和背景色"按钮，如图 1-22 所示，可以将前景色、背景色设置为默认的颜色黑色（R: 0，G: 0，B: 0）、白色（R: 255，G: 255，B: 255）。

（4）选择工具箱中的直线工具"＼"按钮，在属性栏中将粗度设置为 5px，选择合适的角度绘制两条直线作为瓢虫的触角，如图 1-23 所示。

图 1-23　添加触角后的效果

（5）选择工具箱中的"椭圆工具"，在直线上方绘制两个椭圆，如图 1-24 所示。

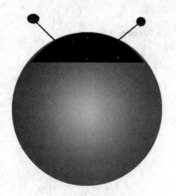

图 1-24　添加椭圆后的效果

小技巧：

1）按住"Shift"键，用"椭圆工具"可以绘制正圆形。

2）单击矩形工具"▢"、圆角矩形工具"▢"、多边形工具"⬡"、自定形状工具"🐾"，可以绘制多种形状的图形。

步骤 4　制作瓢虫身体上的"斑点"

（1）选择工具箱中的"椭圆工具"，在瓢虫身体上方绘制七个椭圆，其形状和大小如图 1-25 所示。

图 1-25　绘制斑点后的效果

（2）选择菜单栏中的【文件】→【存储】命令，或按"Ctrl+S"组合键，打开"存储为"对话框，如图 1-26 所示。在"保存位置"的下拉框中选择要保存的位置，单击"保存"按钮即可。

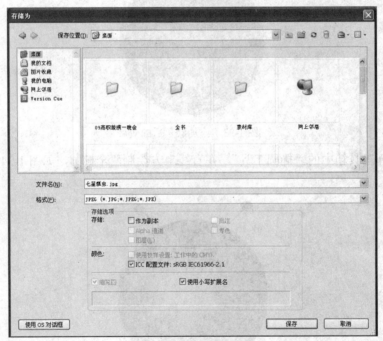

图 1-26　"存储为"对话框

1.1.5　任务小结

本任务通过七星瓢虫的绘制，学习了选区工具、渐变工具以及简单绘制工具的使用。

1.2　任务二　七星瓢虫回归大自然

1.2.1　任务描述

要求利用 Photoshop CS6，把任务一制作的七星瓢虫回归大自然，效果如图 1-27 所示。

图 1-27　七星瓢虫回归大自然最终效果

1.2.2　任务分析

完成此任务，首先要打开所需素材，把七星瓢虫放置到素材图片中，然后复制三个七星瓢虫并调整其大小和方向，放置到指定位置，再做适当的微调，就可以达到要求的效果。

知识点：

1. 魔棒工具
2. 移动工具
3. 自由变换命令
4. 复制命令

1.2.3　任务实施

步骤 1　打开素材、移动七星瓢虫

（1）选择菜单栏中的【文件】→【打开】命令或按"Ctrl+O"组合键，打开本书素材库中的"项目一\1-28.jpg"图像文件，如图 1-28 所示。

图 1-28　素材

小技巧： 用鼠标双击屏幕上的灰色区域即可快速打开文件。

（2）打开本书素材库中的"项目一\1-1.jpg"图像文件，如图 1-29 所示。

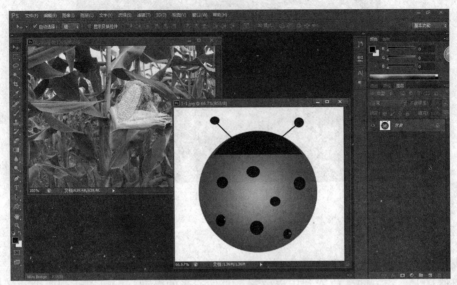

图 1-29　素材

小技巧： 在 Photoshop CS6 中也可以一次打开同一目录下的多个文件，其方法主要有两种。

1）单击要打开的第一个文件，然后按住"Shift"键单击要打开的最后一个文件，单击"打开"按钮，即可打开这两个文件之间的多个连续文件。

2）单击要打开的第一个文件，然后按住"Ctrl"键，依次单击要选择的文件，单击"打开"按钮，即可打开多个不连续的文件。

（3）在图像窗口中，用鼠标单击图 1-1.jpg 的标题栏激活七星瓢虫图像，单击工具箱中的魔棒工具" "，在图像区域的背景上任意处单击，建立如图 1-30 所示的选区。

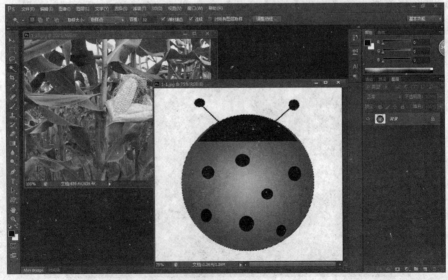

图 1-30　背景载入选区

（4）选择菜单栏中的【选择】→【反向】命令或按"Shift+Ctrl+I"组合键，七星瓢虫即可载入选区，效果如图 1-31 所示。

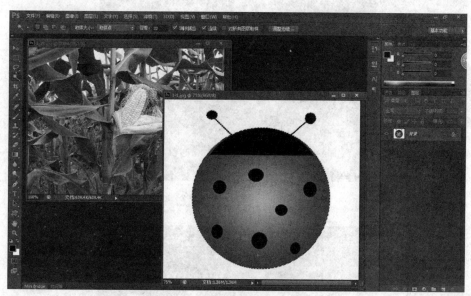

图 1-31　载入选区

小知识：

魔棒工具：用于选择颜色相同或相近的区域，在其属性栏中改变相应的参数值可以改变选择相似的颜色范围，其属性栏如图 1-32 所示。

图 1-32　魔棒工具属性栏

其中"容差"是一个非常重要的选项，它的数值范围为 0～255，默认值为 32，数值越大则选取的颜色范围越大，数值越小则选取的颜色范围越小。

选中"消除锯齿"复选框，可设置所选区域是否具备消除锯齿的功能。

选中"连续"复选框，可以将图像中连续近似的像素选中，否则会将当前图层中所有近似的像素一并选中。

选中"对所有图层取样"复选框，魔棒工具将跨越图层对所有可见图层起作用，否则魔棒工具只对当前图层起作用。

小技巧：按住"Shift"键的同时，选择魔棒工具多次单击来扩大选区。

（5）单击工具箱中的"移动工具"，将七星瓢虫拖拽到图 1-28 所示的素材中，效果如图 1-33 所示。

步骤 2　调整、复制七星瓢虫，达到最终效果

（1）选择菜单栏中的【编辑】→【自由变换】命令或按"Ctrl+T"组合键，其效果如图 1-34 所示。

（2）拖拉矩形框上任何一个句柄，缩放七星瓢虫到合适的大小，按"Enter"键确定，效果如图 1-35 所示。

图 1-33 移动后的效果

图 1-34 自由变换工具效果

图 1-35 变换后的效果

小技巧：按住"Shift"键的同时，拖拉矩形框四角上的任何一个句柄可按比例缩放，也可改变属性栏中相应的坐标值对图像进行缩放。

（3）单击工具箱中的"移动工具"，把七星瓢虫拖动到合适的位置，效果如图1-36所示。

图1-36　移动后的效果

（4）按住"Alt"键的同时拖拽七星瓢虫到合适的位置，即可复制一个七星瓢虫；按"Ctrl+T"组合键，移动鼠标到控制框四角的任意一个句柄处，当鼠标指针变为" "时，按住鼠标左键旋转七星瓢虫到指定的角度，并调整到合适的大小，松开鼠标左键，按"Enter"键，效果如图1-37所示。

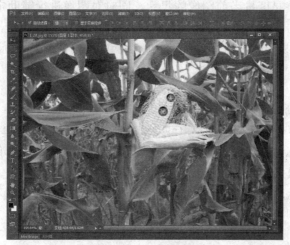

图1-37　复制、旋转后的效果

（5）按同样的方法，复制、旋转、移动七星瓢虫完成最终效果，如图1-27所示。

1.2.4　任务小结

通过本任务的完成，读者应掌握魔棒工具、移动工具、自由变换命令的灵活运用，在任务的制作过程中读者应特别注意魔棒工具、自由变换命令以及快捷键的使用技巧。

1.3 任务三 制作靶心

1.3.1 任务描述

初到公司上班，就接到一任务，要求你利用 Photoshop CS6，制作如图 1-38 所示的靶心效果图。

1.3.2 任务分析

完成此任务，需建立多个同心圆选区，对选区填充色彩，绘制中心线。

知识点：

1. 标尺、参考线和网格
2. 选框工具的相加
3. 选框工具的相减

图 1-38 靶心效果图

1.3.3 标尺、参考线和网格

标尺、网格和参考线是 Photoshop 软件系统中的辅助工具，它们可以在绘制和移动图形的过程中精确地对图形进行定位和对齐。

1. 标尺

标尺的主要作用就是度量当前图像的尺寸，同时对图像进行辅助定位，使图像的编辑更加准确。执行菜单中的【视图】→【标尺】命令或按"Ctrl+R"组合键，即可在当前文件的绘图区域中显示标尺。如果要隐藏标尺，可再次执行菜单中的【视图】→【标尺】命令或按"Ctrl+R"组合键。

2. 参考线

参考线相当于辅助线，起辅助作用。当执行菜单栏中的【视图】→【新建参考线】命令时，在弹出的对话框中设置各选项参数，可以精确地在当前文件中新建参考线。另外，当前文件显示标尺时，将鼠标移动到标尺的任意位置，单击向画面中拖动，可以为画面添加参考线。当前工具为"移动工具"时或按住"Ctrl"键，将鼠标移动到参考线上，当鼠标显示为移动图标时，单击并拖动鼠标，可以改变参考线的位置。如果想将文件中的参考线隐去，只需用鼠标拖拽参考线到图像外即可。

3. 网格

网格是由显示在文件中的一系列相互交叉的直线所构成。执行菜单中的【视图】→【显示】→【网格】命令，即可在当前打开的文件绘图区域中显示网格。如果想将文件中的网格隐去，可再次执行菜单中的【视图】→【显示】→【网格】命令。

4. 标尺、参考线和网格的设置

标尺的单位、参考线的颜色、样式和网格的颜色、样式、间距和子网格数目都是可以设置的。

（1）执行菜单栏中的【编辑】→【首选项】→【单位与标尺】命令，弹出如图 1-39 所示的"首选项"对话框，在对话框中设置好各选项的参数后单击"确定"按钮就完成了单位与标尺的设置。

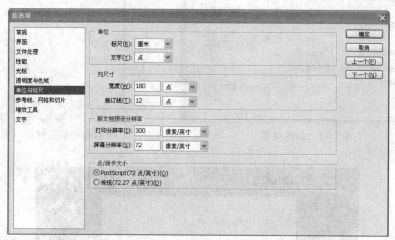

图 1-39　单位与标尺的设置

（2）执行菜单栏中的【编辑】→【选项】→【参考线、网格和切片】命令，弹出如图 1-40 所示的对话框，在对话框中设置好各选项的参数后单击"确定"按钮就完成了参考线、网格和切片的设置。

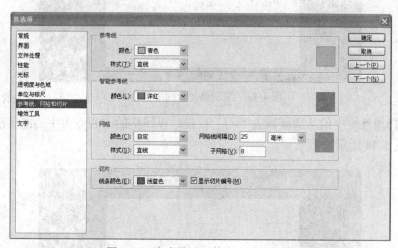

图 1-40　参考线、网格和切片的设置

1.3.4　任务实施

步骤 1　建立多个同心圆选区并填充颜色

（1）新建一个空白文件，参数设置如图 1-41 所示。

（2）选择菜单栏中的【视图】→【显示】→【网格】命令或按"Ctrl+'"组合键，当前文件的绘图区域显示坐标网格，如图 1-42 所示。

（3）选择"椭圆选区"工具，按住"Shift+Alt"组合键以网格的中心点为中心画一个正圆，如图 1-43 所示。

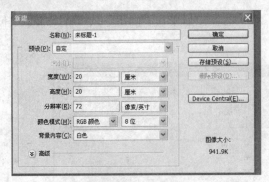

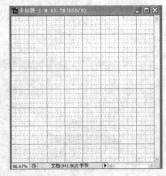

图 1-41　新建文件　　　　　　　　　　　　　　图 1-42　显示网格后的效果

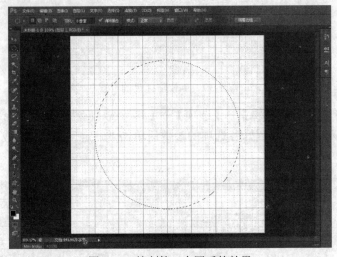

图 1-43　绘制第一个圆后的效果

（4）选择属性栏中的从选区减去"▣"按钮，以网格的中心点为中心继续绘制第二个正圆，效果如图 1-44 所示。

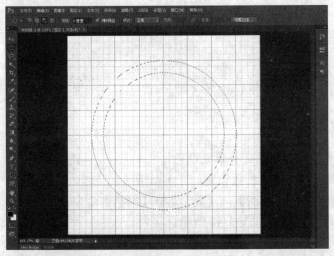

图 1-44　绘制第二个圆后的效果

（5）选择属性栏中的添加到选区"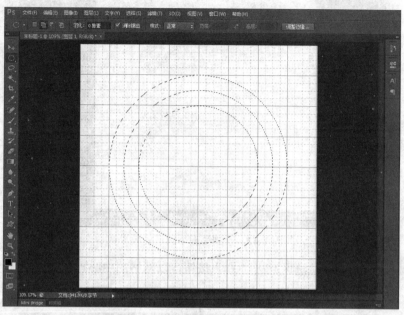"按钮，以网格的中心点为中心继续绘制第三个正圆，效果如图 1-45 所示。

图 1-45　绘制第三个圆后的效果

（6）选择属性栏中的从选区减去"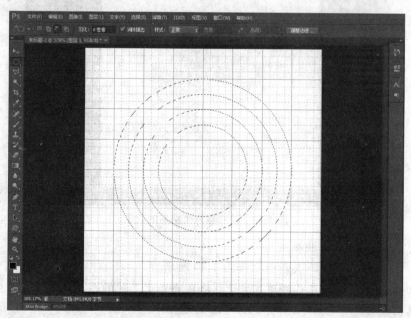"按钮，以网格的中心点为中心继续绘制第四个正圆，效果如图 1-46 所示。

图 1-46　绘制第四个圆后的效果

（7）选择属性栏中的添加到选区"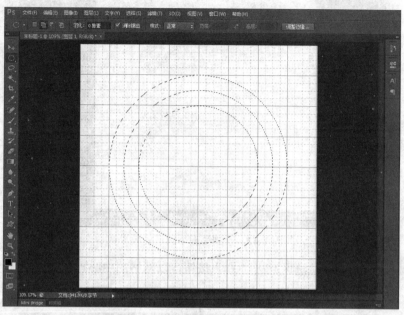"按钮，以网格的中心点为中心继续绘制第五个正圆，效果如图 1-47 所示。

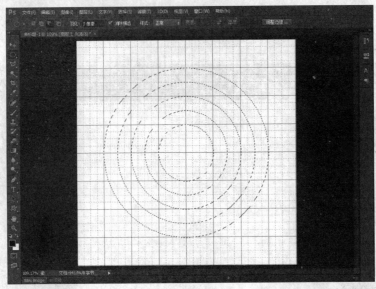

图 1-47　绘制第五个圆后的效果

（8）选择属性栏中的从选区减去"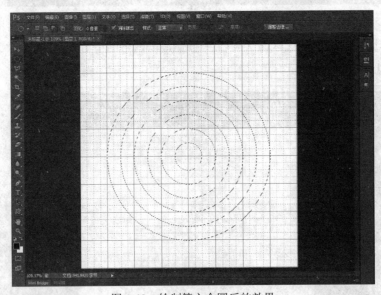"按钮，以网格的中心点为中心继续绘制第六个正圆，效果如图 1-48 所示。

图 1-48　绘制第六个圆后的效果

小知识：选区的相加以及相减。

当单击"选框工具"时，其属性栏如图 1-49 所示。

1）添加到选区 "🔲"：在已经建立的选区之外再加上其他的选择范围。

2）从选区减去 "🔲"：减去部分已经存在的选区。

3）与选区交叉 "🔲"：保留两个选择范围重叠的部分。

4）"添加到选区"的快捷键是"Shift"，"从选区减去"的快捷键是"Alt"，"与选区交叉"的快捷键是"Shift+Alt"。

新选区
从选区减去
与选区交叉
添加到选区

图1-49　选框工具属性栏

小技巧：按住"Shift+Alt"键可以绘制一个以中心点为中心的正方形选区。

（9）选择"Alt+Delete"组合键对前景色进行填充，效果如图1-50所示。

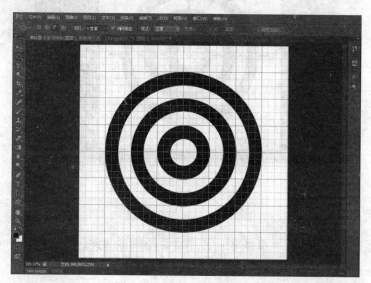

图1-50　填充上黑色的效果

（10）选择菜单栏中的【视图】→【显示】→【网格】命令或按"Ctrl+'"组合键取消网格，效果如图1-51所示。

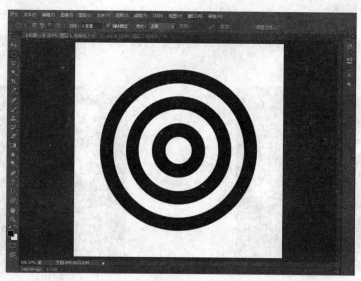

图1-51　取消网格后的效果

步骤 2   绘制中心线

选择菜单栏中的【选择】→【取消选择】命令或按"Ctrl+D"组合键取消选区，将前景色设置为红色，选择直线工具"＼."，在属性栏中将粗度设置为 10px，按住"Shift"键画中心红"十"线，完成最终图像效果，如图 1-52 所示。

图 1-52   最终效果

1.3.5   任务小结

本任务主要运用的是选区工具的相加、相减，绘制正圆选区及辅助工具的应用。通过本任务的完成，读者应熟练应用选区工具的相加、相减等操作。

1.4   任务四   人物面部祛斑

1.4.1   任务描述

要求利用 Photoshop CS6 中的"仿制图章工具"将人物面部雀斑祛除，处理前、后图像效果如图 1-53、图 1-54 所示。

图 1-53   处理前

图 1-54   处理后

1.4.2　任务分析

由于素材人物脸部雀斑较多，需祛除，所以完成此任务需使用"仿制图章工具"在图像中采样，然后将采样复制到雀斑区域，从而消除斑点，以达到人物的美化效果。

知识点：

1. 仿制图章工具
2. 污点修复画笔工具
3. 修补工具

1.4.3　任务实施

步骤 1　设置"仿制图章工具"的属性

（1）打开本书素材库中的"项目一\1-53.jpg"图像文件，如图 1-53 所示。

（2）选择工具箱中的仿制图章工具"🖋"按钮，并在其属性栏中设置适当的画笔大小和硬度，参数如图 1-55 所示。

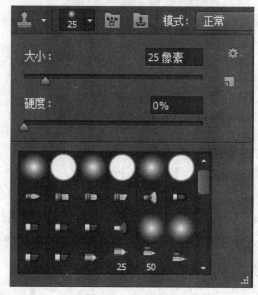

图 1-55　选择画笔

小提示：将画笔的"硬度"设置为 0%，是为了让复制得到的图像边缘变得比较柔和，从而自然地与没有雀斑的脸部皮肤融合在一起。

步骤 2　使用仿制图章工具修复脸上的雀斑

（1）将光标置于脸部雀斑周围比较相近的皮肤上，然后按住"Alt"键（此时鼠标指针成"⊕"状）并单击鼠标左键以定义原图像，如图 1-56 所示。

（2）释放"Alt"键，鼠标指针还原成"○"状，将指针移动到斑点上并单击鼠标左键涂抹斑点，此时斑点被定义的原图像覆盖，如图 1-57 所示。

（3）按照步骤（1）和（2）的方法定义原图像并涂抹，直至将其他面部斑点祛除为止，完成效果如图 1-58 所示。

图 1-56　定义原画笔

图 1-57　涂抹图像

图 1-58　最终效果

小知识：

1）仿制图章工具"　"。使用仿制图章工具可准确复制图像的一部分或全部，从而产生某部分或全部的拷贝，它是修补图像时常用的工具。例如，若原有图像有折痕或污点，可用此工具选择折痕或污点附近颜色相近的像素点来进行修复。

使用方法：在工具栏中选择仿制图章工具，按住"Alt"键在污点周围选择像素相似的地方，单击鼠标左键确定仿制源，然后松开"Alt"键在污点处涂抹即可。

2）污点修复画笔工具"　"。用于快速移去图像中的污点和其他不理想部分。和修复画笔工具相似，污点修复画笔工具使用图像或图案中的样本进行绘画，并将样本的纹理、光照、透明度和阴影与所修复的像素相匹配。

使用方法：在工具栏中选择污点修复工具在图像的污点处涂抹即可。

3）修复画笔工具"　"。用于修复图像中的缺陷，并能使用修复的结果自然溶入周围的图像。和图章工具类似，"修复画笔工具"也是从图像中取样复制到其他部位，或直接用图案进行填充。但不同的是，"修复画笔工具"在复制或填充图案的时候，会将取样点的像素信息自然溶入到复制的图像位置，并保持其纹理、亮度和层次，被修复的像素和周围的图像完美地结合。

使用方法：同污点修复画笔工具。

1.5　强化训练

1. 根据学习过的添加到选区、从选区减去工具，制作下面两幅图片，如图 1-59，图 1-60 所示。

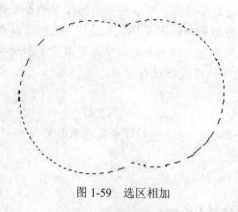

图 1-59　选区相加

图 1-60　选区相减

2. 去除图 1-61 中背景上的污点，得到如图 1-62 所示的效果。（实例素材在本书配套素材库。）

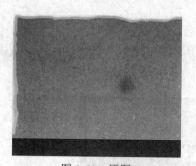

图 1-61　原图

图 1-62　去除污点后

项目二　图层

图层是 Photoshop CS6 中非常重要的部分，使用图层功能，可以将一个图像中的各个部分独立出来，然后对其中的任何一部分进行修改。利用图层中的图层样式、图层不透明度以及图层混合模式等可以创造出许多图像的特殊效果。本项目通过绘制地毯、梦幻圆角星星和女孩时尚彩妆效果三个代表性任务的完成，对图层的功能和使用技巧进行学习。

【能力目标】
- 掌握图层的基本概念及应用
- 能运用图层样式给图形添加斜面浮雕、光泽、投影，能制作水晶质感效果等
- 能结合图层混合模式修饰人物照片
- 能应用图层完成各种复杂图像的制作

2.1　任务一　绘制地毯

2.1.1　任务描述

公司接到一客户任务单，要求完成一幅如图 2-1 所示的"地毯"效果图。项目负责人要求你在较短时间内应用 Photoshop CS6 快速完成该任务。

图 2-1　地毯最终效果

2.1.2　任务分析

要完成该任务，首先要新建一个空白文件，创建一个图层，在新建图层上创建地毯的背景，然后通过自定义形状工具创建基本图像，并进行组合排列，调整位置，完成最终效果。

知识点：

1. 图层的基本知识
2. 图层的编辑操作
3. 自定义形状工具

2.1.3　图层的基础知识

1. 新建图层

新建的普通图层为完全透明状态，在此图层上可以进行图像编辑操作。

新建图层有以下两种方法。

方法 1：使用"图层面板"新建图层。

单击如图 2-2 所示的图层面板上的"创建新图层"按钮，即可在当前选择图层的上方新建一个空白的默认图层，如图 2-2 所示。

图 2-2　新建图层

方法 2：使用菜单命令新建图层。

单击菜单栏中的【图层】→【新建】→【图层…】命令或按"Shift+Ctrl+N"组合键，弹出如图 2-3 所示的"新建图层"对话框，新建一个指定各项参数的图层。

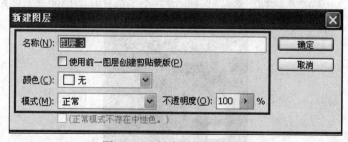

图 2-3　"新建图层"对话框

小技巧：如果在图 2-2 中单击"创建新图层"按钮的同时，按住"Alt"键，也可弹出如图 2-3 所示的"新建图层"对话框，可新建一个指定各项参数的图层。

2. 复制图层

在使用 Photoshop CS6 对图像文件进行编辑时，常常需要复制图层用于不同的编辑操作。复制图层有以下几种方法。

方法 1：使用图层面板上的"创建新图层"按钮复制图层。

拖动需要复制的图层到"创建新图层"按钮"🖳"上，即可复制一个该图层，如图 2-4、图 2-5 所示。

图 2-4　复制图层

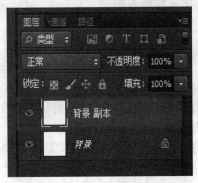

图 2-5　复制图层

方法 2：使用快捷菜单命令复制图层。

在图层面板上右击需要复制的图层，在弹出的快捷菜单中选择"复制图层"命令，即可弹出"复制图层"对话框，单击"确定"按钮即可完成复制，如图 2-6 所示。

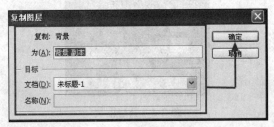

图 2-6　"复制图层"对话框

在"复制图层"对话框中的"为(A):"文本框中，输入复制图层的名称，如"ABC"，然后单击"确定"按钮，即可复制一个名称为"ABC"的图层，如图 2-7 所示。如果不输入复制图层的名称，直接单击"确定"按钮，系统默认生成一个当前选择图层的副本图层，如图 2-5 所示。

图 2-7　设置复制图层的名称

方法 3：使用菜单命令复制图层。

单击菜单栏中的【图层】→【复制图层】命令，也可弹出如图 2-6 所示的"复制图层"对话框，单击"确定"按钮，即可完成图层的复制。

3．删除图层

在使用 Photoshop CS6 对图像文件进行编辑时，常常需要删除不需要的图层，常用的删除图层的方法有以下 3 种。

方法 1：拖拽图层至"删除图层"按钮上。

在图层面板上按住鼠标左键，把需要删除的图层拖拽至图层面板下方的"删除图层"按钮"🗑"上，即可删除该图层，如图 2-8 所示。

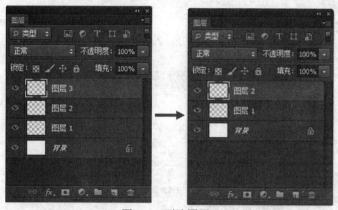

图 2-8　删除图层

方法 2：单击"删除图层"按钮。

在图层面板中，选择需要删除的图层后，单击"删除图层"按钮"🗑"，弹出是否删除该图层的对话框，如图 2-9 所示，单击"是"按钮，即可对其进行删除。

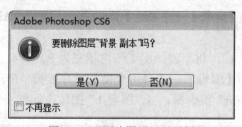

图 2-9　"删除图层"对话框

方法 3：单击菜单栏中的"删除"命令。

单击菜单栏中的【图层】→【删除图层】命令，即可打开如图 2-9 所示的"删除图层"对话框图，选择"是"，即可将当前选取的图层删除。

4．调整图层顺序

在使用 Photoshop CS6 对图像文件进行编辑时，常常需要调整图层顺序，常用的调整图层顺序的方法有以下两种。

方法 1：按住鼠标左键拖拽需要调整的图层到需要的位置上，即可完成图层顺序的调整。

方法 2：按住"Ctrl"键，分别按下"["或"]"键，即可将当前选择的图层的位置向下或向上调整。按住 "Ctrl+Shift+[" 键或 "Ctrl+Shift+]" 键，可以将当前的图层调整至最下层或最上层。

5. 合并图层

合并图层也有以下两种方法。

方法 1：按住 "Ctrl" 键，选取需要进行合并的图层，右击鼠标后，在弹出的快捷菜单中选择 "合并图层" 命令，即可对所选图层进行合并。

方法 2：按住 "Ctrl" 键，选取需要进行合并的图层后，单击菜单栏中的【图层】→【合并图层】命令或按 "Ctrl+E" 组合键，即可对所选图层进行合并。

2.1.4 任务实施

步骤 1 创建地毯背景

（1）按如图 2-10 所示的参数，新建一个 "地毯绘制" 的文件。

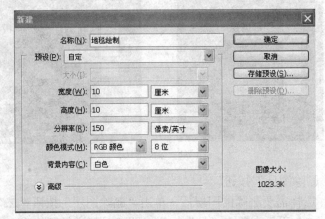

图 2-10 新建 "地毯绘制" 文件

（2）单击菜单栏中的【编辑】→【填充】菜单命令，或按 "Alt+Delete" 组合键将背景图层颜色填充为黑色。

（3）新建一个 "图层 1"，将新建图层 1 颜色填充为 R：174，G：127，B：0。

（4）选择菜单栏中的【编辑】→【自由变换】命令或按 "Ctrl+T" 组合键，图形四周出现变换句柄，按住 "Alt+Shift" 组合键，将 "图层 1" 图像进行缩小变形，效果如图 2-11 所示。

图 2-11 图层 1 缩小变形效果

步骤 2　创建基本图形

（1）选择工具箱中的自定义形状工具"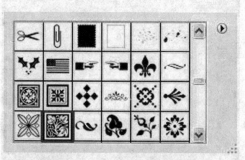"按钮，在工具属性栏中的"形状"下拉列表框中选择如图 2-12 所示的形状。

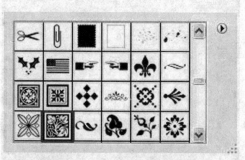

图 2-12　选择图形

（2）新建一个"图层 2"，将前景色设置为 R：244，G：254，B：177，按住"Shift"键的同时在"图层 2"中按住鼠标左键拖拽，绘出所选图形，效果如图 2-13 所示。

图 2-13　绘制所选图形效果

（3）复制图层 2，生成"图层 2 副本"图层，如图 2-14 所示。

图 2-14　复制图层 2 效果

（4）选择工具箱中的移动工具"￼"按钮，调整"图层 2 副本"图层中图形的位置，如图 2-15 所示。

图 2-15　调整图形位置

（5）选择菜单栏中的【编辑】→【自由变换】命令，单击鼠标右键，在快捷菜单中选择"顺时针旋转 90 度"命令，效果如图 2-16 所示。

图 2-16　旋转图形效果

（6）重复步骤（3）～（5），绘制图形，如图 2-17 所示。

图 2-17　绘制图形完成效果

（7）按住"Ctrl"键在图层面板中选择图层 2、图层 2 副本、图层 2 副本 2、图层 2 副本 3，选择菜单栏中的【图层】→【合并图层】命令或单击鼠标右键在快捷菜单中选择"合并图层"命令或按"Ctrl+E"组合键，合并图层并重命名为"图层 2"。

小知识： 在图层名称上双击鼠标左键，即可重命名图层。

（8）选择工具箱中的自定义形状工具"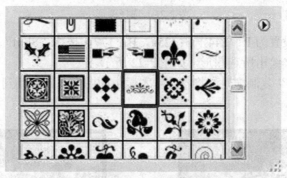"按钮，在工具属性栏中的"形状"下拉列表框中选择如图 2-18 所示的形状。

图 2-18　选择图形

（9）新建一个"图层 3"，将前景色设置为 R：244，G：254，B：177，在图层 3 中按住鼠标左键拖拽，并调整适当的位置，效果如图 2-19 所示。

（10）将"图层 3"复制 3 次，将不同副本层中的形状分别移动到合适的位置，并进行 90 度旋转，效果如图 2-20 所示。

图 2-19　添加图形效果

图 2-20　四周添加图形完成效果

（11）按住"Ctrl"键选择图层 3、图层 3 副本、图层 3 副本 2、图层 3 副本 3，合并图层并重命名为"图层 3"。

（12）新建一个"图层 4"。

（13）选择工具箱中的自定义形状工具"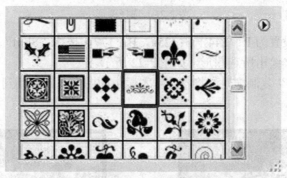"，在工具属性栏中的"形状"下拉列表框中选择如图 2-21 所示的形状。

图 2-21　选择图形

（14）将前景色设置为 R：244，G：254，B：177，按住"Shift"键的同时在"图层 4"中按住鼠标左键拖拽，绘出所选图形，如图 2-22 所示。

（15）将"图层 4"复制 2 次，将不同副本层中的图形分别移动到图像窗口的左上角，如图 2-23 所示。

图 2-22　绘制所选图形效果

图 2-23　复制图形效果

（16）按住"Ctrl"键在图层面板中选择图层 4、图层 4 副本、图层 4 副本 2，合并图层并重命名为"图层 4"。

（17）使用移动工具"▶+"将"图层 4"中的图形移动到图 2-24 所示的位置，使用矩形选框工具"▭"将多余部分删掉，如图 2-24 所示。

图 2-24　左上角图形绘制完成效果

小知识：快速删除图形四周多余的部分，可使用选框工具先选中图形中保留的部分，然后选择菜单栏中的【选择】→【反向】命令，然后按 "Delete" 键删除多余的部分。

（18）使用同样的方法制作地毯其他三个角的图形，调整位置，完成最终效果如图 2-1 所示。

2.1.5　任务小结

本任务使用自定义形状工具绘制图形，使用图层基础知识和设置方法调整各图层中图像的排列。通过本任务的完成，读者应熟练应用图层和自定义形状工具绘制图形。

2.2　任务二　绘制梦幻圆角星星

2.2.1　任务描述

公司接到一儿童杂志出版社的任务单，要求为一本儿童杂志绘制一幅插画。主体图形为水晶星星，要求具有梦幻效果，如图 2-25 所示。项目经理要求你使用 Photoshop CS6 快速完成该任务。

图 2-25　梦幻圆角星星

2.2.2　任务分析

该任务首先要使用渐变工具，在"背景图层"填充制作背景，然后使用绘制工具来制作星星，并添加光泽、立体等效果，最后修饰并完成整体效果。

知识点：
1. 图层样式
2. 多边形工具

2.2.3　图层样式

图层样式包括阴影、发光、斜面和浮雕、光泽、颜色叠加、渐变叠加、图案叠加、描边等特殊效果，通过图层样式，可以非常轻松、快捷地实现多种艺术效果。

添加图层样式有以下几种方法。

方法1：使用菜单添加图层样式。

单击菜单栏中的【图层】→【图层样式】命令，打开如图 2-26 所示的菜单项，选择任意一个选项，打开"图层样式"对话框，如图 2-27 所示。在"图层样式"对话框中进行相关设置，单击"确定"按钮，完成添加。

图 2-26　"图层样式"菜单

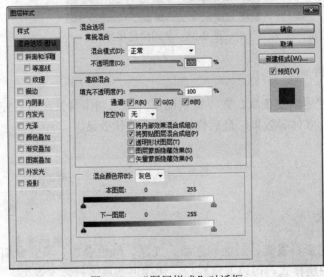

图 2-27　"图层样式"对话框

方法 2：使用图层面板添加图层样式。

在图层面板中双击当前图层的缩略图或图层名右侧的空白位置，打开"图层样式"对话框，如图 2-27 所示。在"图层样式"对话框中进行相关设置，单击"确定"按钮，完成添加。

方法 3：使用"添加图层样式"按钮添加图层样式。

单击图层面板下方的"添加图层样式"按钮"<u>fx</u>"，如图 2-28 所示，弹出如图 2-29 所示下拉列表，从列表中选择需要添加的图层样式种类，打开如图 2-27 所示的"图层样式"对话框，在"图层样式"对话框中进行相关设置，单击"确定"按钮，完成添加。

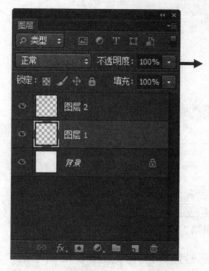

图 2-28　"添加图层样式"按钮

图 2-29　"添加图层样式"列表

2.2.4　任务实施

步骤 1　使用渐变工具制作背景

（1）按图 2-30 所示参数，新建一个"梦幻圆角星星"文件。

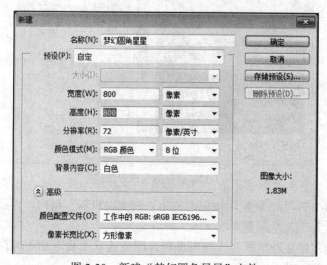

图 2-30　新建"梦幻圆角星星"文件

（2）单击工具箱中的渐变工具"▨"按钮，在属性栏中单击编辑渐变"▨▬▬▾"按钮，打开"渐变编辑器"对话框，如图 2-31 所示。

图 2-31　"渐变编辑器"对话框

（3）双击"渐变编辑器"窗口中色标区域的三号色标，打开如图 2-32 所示的"选择色标颜色"窗口，在如图所示位置输入"BAFF00"，单击"确定"按钮。双击四号色标，在图 2-32 中"BAFF00"位置处输入"668B00"，单击"确定"按钮。

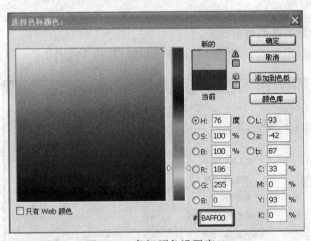

图 2-32　色标颜色设置窗口

（4）在图 2-31 中单击"确定"按钮，关闭"渐变编辑器"窗口，完成从"#BAFF00"到"#668B00"的线性渐变颜色设置。

（5）按住鼠标左键在绘图区从上到下拖拽，即完成从上到下填充颜色为"#BAFF00"到"#668B00"的线性渐变作为背景，如图 2-33 所示。

图 2-33　渐变填充效果

步骤 2　制作水晶圆角星星

（1）单击图层面板中的"创建新图层"按钮新建图层 1。选择工具箱中的"多边形工具"，在属性栏中设置"边"为 5，单击"几何选项"下拉箭头，打开"多边形选项"对话框，如图 2-34 所示设置参数。

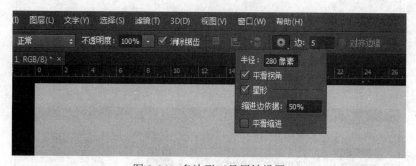

图 2-34　多边形工具属性设置

（2）单击工具箱中的设置前景色按钮，把前景色设置为"#FFDF70"。

（3）在绘图区域按住鼠标左键拖拽出合适大小的星星，如图 2-35 所示。

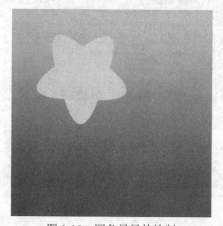

图 2-35　圆角星星的绘制

试一试：把图 2-34 中的参数设置改变一下，观察绘制效果有什么变化？

（4）在"图层样式"对话框中设置各参数如图 2-36 至图 2-41 所示。分别设置好样式后，星星的效果像糖果一样，完成最终效果如图 2-25 所示。

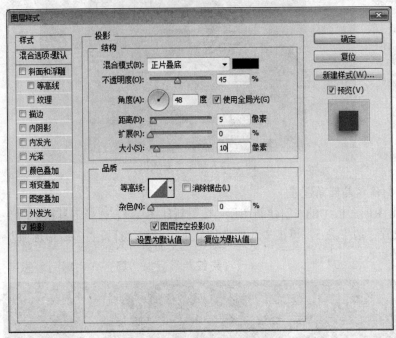

图 2-36　图层样式投影参数设置

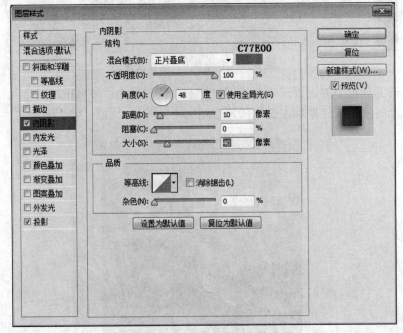

图 2-37　图层样式内阴影参数设置

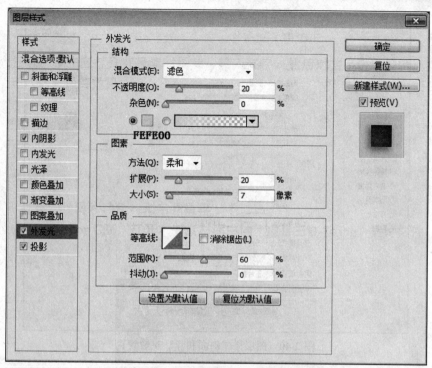

图 2-38　图层样式外发光参数设置

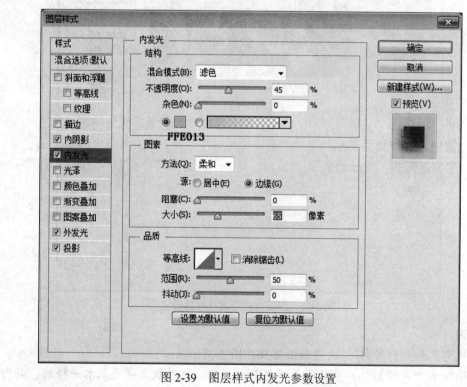

图 2-39　图层样式内发光参数设置

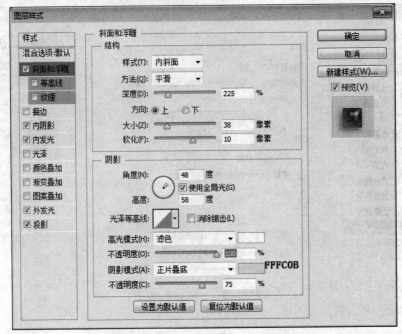

图 2-40　图层样式斜面和浮雕参数设置

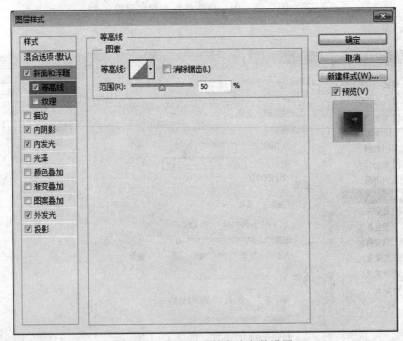

图 2-41　图层样式等高线参数设置

小知识：

1）"投影"和"内阴影"：设置如图 2-36、图 2-37 所示。

"投影"和"内阴影"产生的图像效果虽然不同，但参数选项是基本一样的，其内阴影选项的意义如下：

混合模式(B)：选择投影的混合模式，在"混合模式"下拉列表右侧有一个颜色框，单击颜色框可以弹出"拾色器"对话框，从中选择阴影颜色。

不透明度(O)：可以设置阴影的不透明度，数值越大阴影颜色越深。

角度(A)：用于设置光照的角度，即阴影的方向会随着角度的变化而发生相应的变化。

距离(D)：设置阴影距离，取值范围在0~30000之间，值越大阴影距离越远。

扩展(R)：模糊之前扩大边缘范围，取值范围在0%~100%之间，值越大投影效果越强烈。

大小(S)：设置模糊的数量或暗调大小，取值范围在0~250之间，值越大柔化程度越大。

阻塞(C)：设置内阴影边界的清晰度。

品质：在此选项中，可以通过设置"等高线"与"杂色"选项来改变阴影质量。

2）"外发光"和"内发光"：设置如图2-38、图2-39所示。

①结构：在此选项区中可设置混合模式、不透明度、杂色和发光颜色。

②图素：在此选项区中可设置发光元素的属性，包括"方法"、"源"、"阻塞"和"大小"。

方法(Q)：在"方法"下拉列表中可设置发光方式，选择"柔和"选项，可应用模糊技术，它可用于所有类型的边缘，不论是柔边还是硬边；选择"精确"选项，可应用距离测量技术创造发光效果，主要用于消除锯齿形状硬边的杂边。

源：在"源"选项中有两个单选按钮，选中"居中(E)"单选按钮，可从当前图层图像的中心位置向外发光；选中"边缘(G)"单选按钮，可从当前图层图像的边缘向里发光。

大小(S)：设置内发光大小，取值范围在0~250之间。

阻塞(C)：设置内发光边界的软硬度。

③品质：在此选项区中可设置"等高线"、"范围"和"抖动"。在使用渐变颜色时，在"抖动"输入框中输入数值可使发光颗粒化。

3）斜面和浮雕：设置如图2-40所示。

①结构：在"结构"选区中可以设置"样式"、"方法"、"深度"、"方向"、"大小"和"软化"。

样式(T)：可以选择一种图层效果。其中包括"外斜面"、"内斜面"、"浮雕效果"、"枕状浮雕"和"描边浮雕"选项。"外斜面"可以在图层中图像外部边缘产生一种斜面的光照效果；"内斜面"可以在图层中图像内部边缘产生一种斜面的光照效果；"浮雕效果"可以创建当前图层内容相对它下面图层凸出的效果；"枕状浮雕"可以创建当前图层中图像的边缘陷入下面图层的效果；"描边浮雕"类似浮雕效果，不过只是对图像边缘产生的效果。

方法(Q)：可选择一种斜面方式。其中包括"平滑"、"雕刻清晰"和"雕刻柔和"。

深度(D)：可以设置斜面和浮雕的深度，取值范围在1%~1000%之间。

方向：可以设置斜面和浮雕的方向是上或下。

大小(Z)：可以设置斜面和浮雕的大小，取值范围在0~250像素之间。

软化(F)：可以设置斜面和浮雕的软化效果，取值范围在0~16像素之间。

②阴影：在"阴影"选项区中可以设置阴影的"角度"、"高度"、"光泽等高线"、"高光模式"以及斜面的亮部和暗部的不透明度和混合模式。

4）等高线：设置如图2-41所示。

在"斜面和浮雕"下方有两个复选框"等高线"和"纹理"，根据需要可以进行等高线及纹理的设置。

试一试：把图2-36~图2-41中的参数设置改变一下，观察绘制效果有什么变化？

2.2.5 任务小结

本任务通过梦幻水晶星星的制作，系统地学习了多边形工具、图层样式的应用。读者通过本任务的完成，应熟练应用图层样式制作各种特殊效果。

2.3 任务三 绘制彩妆效果

2.3.1 任务描述

如图 2-42 所示，图像中的女孩素面朝天，显得纯净可爱，但是黑色的头发缺少了朝气显得有些沉闷，嘴巴显得干燥无光泽。希望应用 Photoshop CS6，通过图层混合模式的应用，为女孩上一个透明彩妆，挑染几缕秀发，效果如图 2-43 所示。

图 2-42 素面女孩

图 2-43 彩妆女孩

2.3.2 任务分析

完成此任务，首先要建立图层混合模式为"柔光"的图层，然后使用画笔工具，灵活运用画笔参数进行上妆，为了使效果更加自然，最后调整各个图层的不透明度，最终完成效果。

知识点：
1. 图层的混合模式
2. 图层的不透明度
3. 画笔工具

2.3.3 图层的混合模式

在使用 Photoshop 对图像文件进行编辑时，可以灵活运用各种图层的混合模式来制作不同的图层合成效果。在图层面板中单击"设置图层的混合模式"下拉箭头，如图 2-44 所示。在弹出的下拉列表中可以设置图层的混合模式，如图 2-45 所示。不同的图层的混合模式，可以为图像添加不同的混合效果。

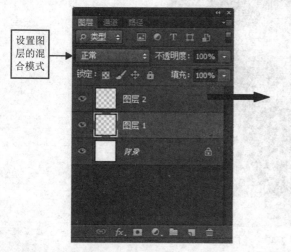

图 2-44　"设置图层的混合模式"下拉按钮　　　　图 2-45　"图层混合模式"下拉列表

2.3.4　任务实施

步骤 1　绘制眼影

（1）在 Photoshop CS6 中打开本书素材库中的"项目二\2-42.jpg"。

（2）单击图层面板下方的新建图层按钮，新建图层重命名为"眼影"，将"眼影"图层的"混合模式"设置为"柔光"，不透明度设置为 69%，如图 2-46 所示。

图 2-46　设置图层的不透明度

（3）在工具箱中设置"前景色"为草绿色。

（4）在工具箱中选择画笔工具"　"按钮，在属性栏中设置画笔的大小。

（5）用画笔在女孩眼睛上进行涂抹，溢出的部分可以用"橡皮擦"进行擦拭，效果如图 2-47 所示。

小知识：橡皮擦。

橡皮擦工具用于擦出图像的颜色，单击工具箱中的橡皮擦工具"　"按钮，按住鼠标左键在图像中拖动即可。如果在背景层中擦除像素，则擦除后的区域会填入背景色；如果在普通图层中擦除内容，擦出后的区域会变成透明。

"橡皮擦"属性栏如图 2-48 所示，在属性栏中，单击"画笔预设"下拉列表框可设置橡皮擦的"主直径"、"硬度"和"笔触样式"；单击"模式"下拉列表框可选择橡皮擦擦出的笔触模式。

图 2-47　绘制眼影

画笔预设

图 2-48　"橡皮擦"属性栏

步骤 2　绘制彩唇

（1）单击图层面板下方的新建图层按钮，新建图层重命名为"唇膏"，将"唇膏"图层的"混合模式"设置为"柔光"。

（2）在工具箱中设置前景色为"粉红色"。

（3）在工具箱中选择套索工具"⬚"按钮，在属性栏中设置羽化值为 2。

（4）使用"套索"工具依据嘴的轮廓线选出嘴部，如图 2-49 所示。

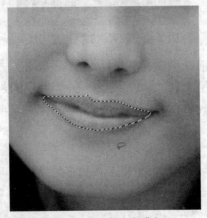

图 2-49　套索选中嘴部

（5）按"Alt+Delete"组合键填充前景色，然后按"Ctrl+D"取消选区，效果如图 2-50所示。

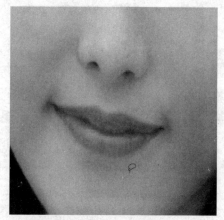

图 2-50　制作唇膏颜色

（6）在工具箱中设置"前景色"为白色。

（7）新建图层重命名为"高光"。

（8）在工具箱中选择"画笔"工具，在属性栏中设置画笔大小为"8 像素"，不透明度为"38%"，如图 2-51 所示。

图 2-51　高光画笔参数设置

（9）使用"画笔"工具在嘴唇上绘制高光，效果如图 2-52 所示。

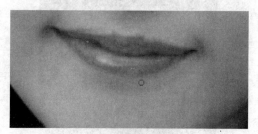

图 2-52　绘制唇部高光

步骤 3　绘制腮红

（1）在工具箱中设置前景色为淡淡的粉红色。

（2）新建图层重命名为"腮红"。

（3）在工具箱中选择"画笔"工具，在属性栏中设置画笔大小为"122 像素"，不透明度为"24%"，如图 2-53 所示。

图 2-53　腮红画笔参数设置

（4）使用画笔在脸庞上单击，溢出的部分用橡皮擦擦掉，效果如图 2-54 所示。

小知识：为了使上妆效果更加自然，可以适当降低"图层的不透明度"数值。如"唇膏"图层的不透明度为 63。

图 2-54　制作腮红

步骤 4　绘制彩发

（1）在工具箱中设置前景色为"橘黄色"。

（2）新建图层重命名为"彩发"，设置该图层的"混合模式"为"柔光"。

（3）在工具箱中选择"画笔"工具，在属性栏中设置画笔大小和不透明度。

（4）使用"画笔"工具在头发上进行涂抹，可以一缕一缕地涂抹，然后选择其他前景色，比如紫色，继续涂抹，效果如图 2-55 所示。

图 2-55　制作彩发

（5）根据自己的不同爱好，可以修改彩发图层的不透明度数值，让头发看起来更自然一些。局部调整，完成最终效果。

试一试：设置各个图层不同的"混合模式"，绘制效果有什么变化？

2.3.5　任务小结

本任务通过灵活运用画笔工具、图层的混合模式以及图层不透明度，可以制作丰富多彩的彩妆效果。

2.4　强化训练

1．使用自定义形状工具及图层的相关知识，设计绘制一张装饰画。

2．根据本章所学知识，为如图 2-56 所示的人物照片添加彩妆效果。（实例素材在本书配套素材库。）

图 2-56　人物素材

3．使用"自定形状"工具的自带图案，利用图层样式增加图案的颜色、质感、纹理，得到如图 2-57 所示的效果。

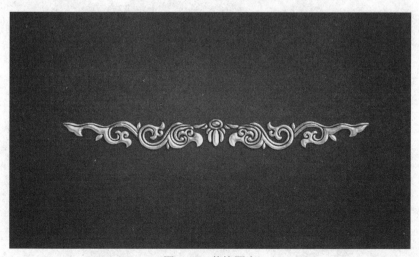

图 2-57　装饰图案

4. 使用图层及画笔的相关知识，制作如图 2-58 所示的网状光束心形图案。

图 2-58　心形图案

项目三　文字应用

在 Photoshop CS6 中，文字工具是重要的基本工具之一，应用非常广泛。如何把文字按客户的要求添加到图像中，达到美观、实用、大方的效果，是学习本项目的目的。本项目主要通过背景字、韩国可爱字和琥珀文字三个具有代表性任务的完成，使读者掌握文字工具的应用技巧。

【能力目标】

- 能进行文字输入，对文字进行编辑、栅格化等操作
- 能制作背景文字
- 能运用图层样式给文字添加斜面浮雕、光泽、投影等效果
- 能打造具有不同质感的文字
- 能制作倒影文字
- 能调整图像的色调
- 能制作其他各种不同的特效文字

3.1　任务一　制作背景字

3.1.1　任务描述

公司接到一任务单，要求在一幅风景图片上添加"青山绿水"四个字，并填充和背景一致的纹理，最后达到的效果如图 3-1 所示。项目经理要求你使用 Photoshop CS6 快速地完成该任务。

图 3-1　"背景字"最终效果

3.1.2 任务分析

完成此任务，首先应打开背景素材图片，输入文字，然后对文字进行编辑，并对其进行各种特效处理，达到最终效果。

知识点：

1. 熟练运用文字编辑工具
2. 能运用文字蒙版工具建立选区
3. 能对文字选区进行编辑和处理

3.1.3 文字工具

1. "文字工具"属性栏

选择工具箱中的"文字工具"按钮"T"，打开"文字工具"属性栏，其属性栏中各选项的作用如图 3-2 所示。

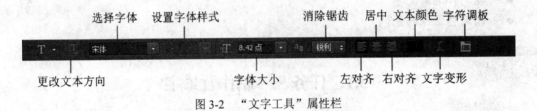

图 3-2 "文字工具"属性栏

2. 建立文字图层

选中"文字工具"，在绘图区域上单击鼠标左键，Photoshop CS6 自动生成一个文字图层，如图 3-3 所示，并且把文字光标定位在这一层中。

图 3-3 图层面板

3.1.4 任务实施

步骤 1 打开背景素材图片，输入文字并编辑

（1）启动 Photoshop CS6，打开本书素材库中的"项目三\3-4.jpg"素材文件，如图 3-4 所示。

图 3-4　背景图片

（2）选择工具箱中文字工具中的"横排文字蒙版工具"，在属性栏中选择字体为"隶书"，字体大小为"48"点，输入"青山绿水"四个字，效果如图 3-5 所示。

图 3-5　输入文字

小知识： 右击工具箱中的"文字工具"按钮"T"，打开文字工具的隐藏工具组，如图 3-6 所示。

图 3-6　文字工具组

横排文字工具：可以在图像中输入行格式排列的点文字和段落文字。

直排文字工具：可以在图像中输入列格式排列的点文字和段落文字。

横排文字蒙版工具：可以在图像中建立行格式排列的文字选区。

直排文字蒙版工具：可以在图像中建立列格式排列的文字选区。

选择"横排文字蒙版工具"或"直排文字蒙版工具"在屏幕文件上单击，Photoshop CS6

将产生一个红色的重叠的蒙版区域。在这个区域中可以通过点击或拖动的方式来移动文字。要确认应用该蒙版，点击工具箱中的其他任意工具即可。

（3）按"Ctrl+鼠标左键"，拖动鼠标将文字移动到适当位置，效果如图 3-7 所示。

图 3-7　调整文字位置

（4）单击工具箱中其他任意工具，取消文字蒙版状态，建立"文字选区"，效果如图 3-8 所示。

图 3-8　运用横排文字蒙版工具效果

（5）按"Ctrl+C"→"Ctrl+V"组合键，生成图层 1，如图 3-9 所示。

图 3-9　生成图层 1

步骤2　对文字进行特效处理，达到最终效果

（1）选中图层1，双击其缩略图或图层1右侧的空白位置，打开"图层样式"对话框，如图3-10所示。设置"外发光"和"斜面和浮雕"效果，如图3-10和图3-11所示设置参数。

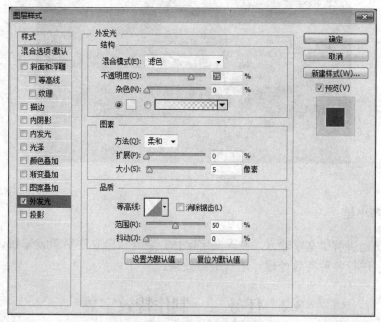

图3-10　外发光参数设置

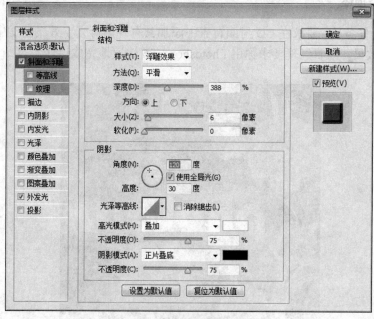

图3-11　斜面和浮雕参数设置

（2）单击"确定"按钮，得到图3-12所示效果。

试一试：按照以上制作步骤，改变一下图层样式设置的参数，看一看效果如何？

图 3-12　最终效果

3.1.5　任务小结

本任务系统地讲解了文字输入，设置文字字体、字号和建立文字蒙版等知识，并利用"图层样式"对文字进行各种特效处理，达到最终效果。

3.2　任务二　制作特效字体

3.2.1　任务描述

公司接到一任务单，要求在 CD 封面背景中添加具有韩国可爱字效果的文字，使其达到如图 3-13 所示的效果。项目经理要求你用 Photoshop CS6 快速地完成该任务。

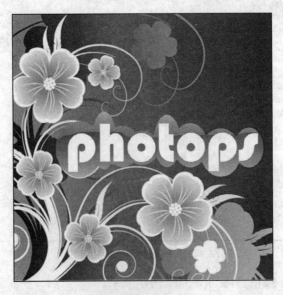

图 3-13　最终效果

3.2.2　任务分析

完成此任务，首先应打开背景素材图片，输入文字，然后对文字进行编辑，并对其进行各种特效处理，达到最终效果。

知识点：

1. 字符面板的应用
2. 使用选区工具建立选区

3.2.3　任务实施

步骤1　打开素材图片、输入文字并编辑

（1）启动 Photoshop CS6，打开本书素材库中的"项目三\3-14.jpg"素材文件，如图 3-14所示。

图 3-14　背景图片

（2）在工具箱中设置前景色为"白色"。

（3）在工具箱中选择文字工具"🅣"，单击属性栏中的字符面板"🔲"按钮，打开字符面板，如图 3-15 所示，按图中参数设置完毕后，输入文字"photops"，并调整文字位置，效果如图 3-16 所示。

图 3-15　设置文字格式

图 3-16　输入文字

小知识：字符面板各选项的作用如图 3-17 所示。

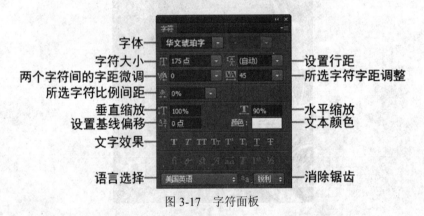

图 3-17　字符面板

步骤 2　对文字进行特效处理，达到最终效果

（1）在文字层下新建一图层 1。

（2）选择"椭圆形工具"绘制多个椭圆。

（3）选择【编辑】→【填充】菜单命令，打开"填充"对话框，如图 3-18 所示。在内容区域的"使用"下拉列表框中选择合适的颜色，单击"确定"按钮，完成填充，效果如图 3-19 所示。

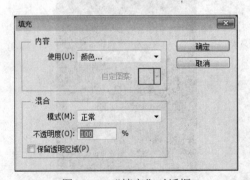

图 3-18　"填充"对话框

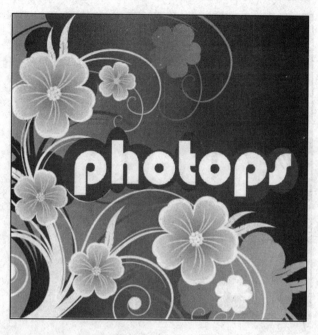

图 3-19   填充颜色效果

（4）在图层面板中，按住"Ctrl"键的同时，单击图层 1 缩略图，得到如图 3-20 所示的选区。

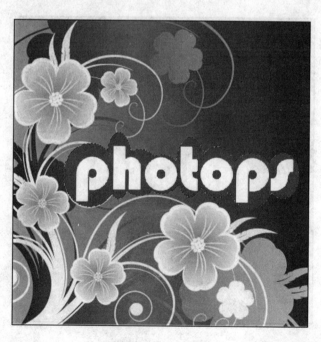

图 3-20   建立选区

（5）新建一个图层 2，将前景色设置为白色，选择白色到透明的渐变，并从下到上拖动鼠标，得到如图 3-21 所示的渐变效果。

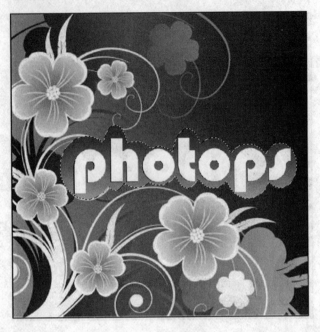

图 3-21　渐变效果

（6）选择"套索工具"，在属性栏中单击"选区相减"按钮，拖动鼠标在绘图区域建立如图 3-22 所示的选区。

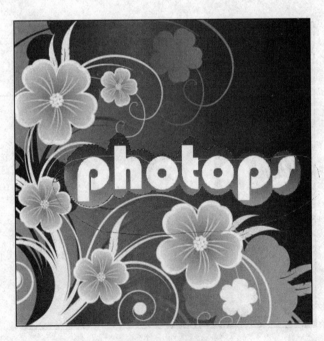

图 3-22　选区相减

（7）松开鼠标左键，得到如图 3-23 所示的选区。

（8）再次从上到下拖动白色到透明的渐变，得到如图 3-24 所示的最终效果。

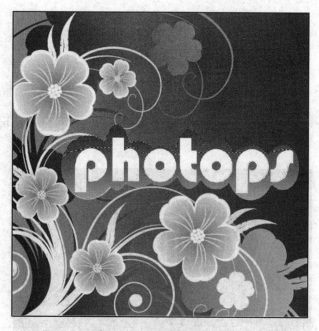

图 3-23　选区相减后的效果

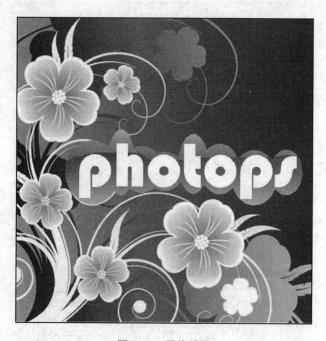

图 3-24　最终效果

3.2.4　任务小结

本任务系统地讲解了"字符面板"的使用方法，读者通过编辑文字并填充渐变颜色，最终能够制作出具有特殊效果的文字。

3.3 任务三 制作琥珀文字

3.3.1 任务描述

公司接到一任务，要求为客户制作一些晶莹剔透，广告效果强的琥珀文字，其制作效果如图 3-25 所示。

图 3-25 最终效果

3.3.2 任务分析

完成此任务，首先应新建文件，输入文字，然后对文字进行编辑，并对其进行各种特效处理，达到最终效果。

知识点:
文字变形

3.3.3 任务实施

步骤 1 新建文件，输入文字并编辑

（1）启动 Photoshop CS6，打开"新建"对话框，如图 3-26 所示设置各参数，然后单击"确定"按钮，新建一个名为"琥珀文字"的文件。

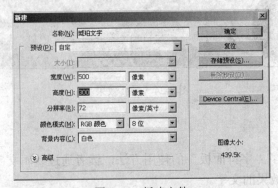

图 3-26 新建文件

小技巧：按"Ctrl+N"组合键即可打开"新建"对话框。

（2）将前景色和背景色设置为默认的黑色和白色，然后按"Alt+Delete"组合键将背景图层填充为黑色，如图 3-27 所示。

图 3-27　填充效果

小技巧：可以按"D"键将前景色和背景色设置为默认的黑色和白色。

（3）选择"文本工具"，在工具属性栏中设置字体为"Minion Std"，字号为"120"点，字的颜色为"白色"。设置完毕后输入文本"TODAY"，效果如图 3-28 所示。

图 3-28　文字效果

步骤 2　对文字进行特效处理，达到最终效果

（1）单击图层面板下方的"添加图层样式"按钮，然后在弹出菜单中选择"内发光"，如图 3-29 所示。

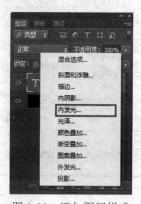

图 3-29　添加图层样式

（2）在"图层样式"对话框中设置"内发光"，参数如图 3-30 所示，单击"确定"按钮。

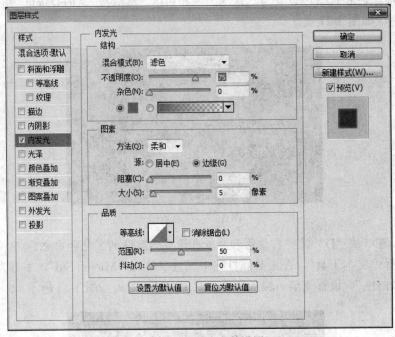

图 3-30　内发光参数设置

（3）在"图层样式"对话框中设置"斜面和浮雕"，参数如图 3-31 所示，单击"确定"按钮。

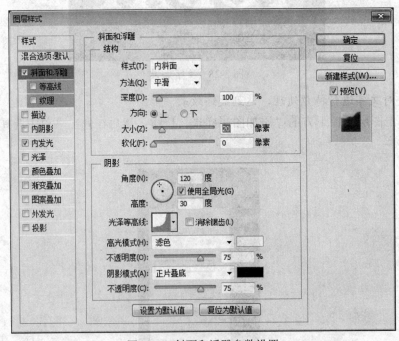

图 3-31　斜面和浮雕参数设置

（4）在"图层样式"对话框中设置"渐变叠加"，参数如图 3-32 所示，单击"确定"按钮。

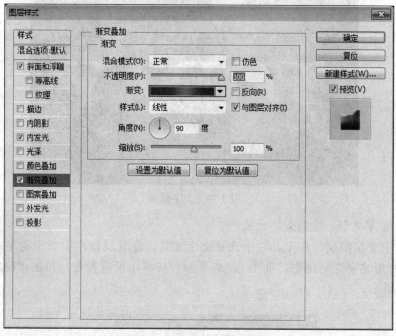

图 3-32　渐变叠加参数设置

（5）在"图层样式"对话框中设置"光泽"，参数如图 3-33 所示。

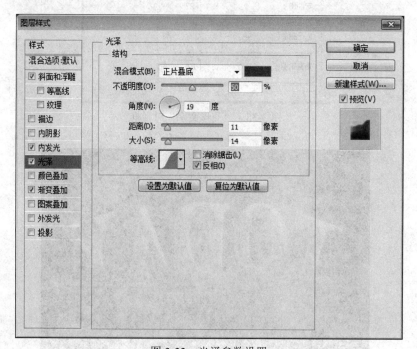

图 3-33　光泽参数设置

（6）单击"确定"按钮，得到文字效果，如图 3-34 所示。

图 3-34　文字效果

步骤 3　文字变形，达到最终效果

（1）选中文字图层，在工具栏中选择文字工具，在其属性栏中单击文字变形"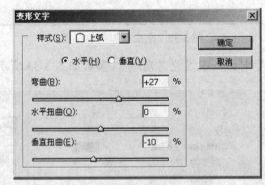"按钮，打开"变形文字"对话框，如图 3-35 所示，按图示设置参数，单击"确定"按钮，效果如图 3-36 所示。

图 3-35　"变形文字"对话框

图 3-36　文字变形效果

小知识：使用"变形文字"选项可以对文本进行多种变形，只有在输入文本后该按钮才能使用。

（2）拖动文本图层到图层面板下方的"创建新图层"按钮上，如图 3-37 所示，创建该图层的一个副本。

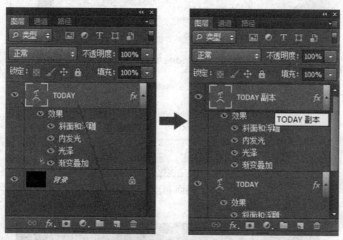

图 3-37　建立图层副本

（3）选择菜单栏中的【图层】→【图层样式】→【创建图层】命令，效果如图 3-38 所示。

（4）按住"Shift"键的同时单击图层面板中最上面的图层，然后再单击图层"TODAY 副本"，选中如图 3-39 所示的这几个图层，然后按"Ctrl+E"组合键将它们合并为一个图层，如图 3-40 所示。

图 3-38　创建图层　　　　　　图 3-39　选择图层　　　　　　图 3-40　合并图层

（5）单击图层面板下方的图层样式按钮，选择"斜面和浮雕"，打开"图层样式"对话框，设置"斜面和浮雕"中的各参数如图 3-41 所示，单击"确定"按钮，效果如图 3-42 所示。

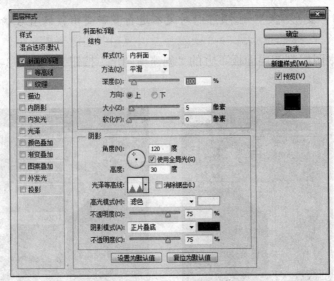

图 3-41　斜面和浮雕参数设置

图 3-42　斜面和浮雕效果

（6）在图层面板中，将"图层模式"设置为"颜色减淡"，如图 3-43 所示。

图 3-43　颜色减淡

（7）设置完毕后，得到如图 3-44 所示的最终效果。

图 3-44　最终效果

试一试：按照上面的步骤，适当改变各步的设置参数，看一看设计效果如何。

3.3.4　任务小结

本任务系统地讲解了"文字变形"和"图层模式"的设定等知识，并利用"图层样式"对文字进行各种特效处理，得到最终效果。

3.4　强化训练

1. 制作如图 3-45 所示的背景字

小提示：先做出图形，再输入一些较小的文字，然后把这些文字放到图形中，适当地添加一些图层样式，得到最终效果。

图 3-45　背景字效果

2．制作如图 3-46 所示的水晶字。

小提示：使用图层样式来制作，参数设置需要根据字体大小而定。

图 3-46　水晶字效果

3．制作如图 3-47 所示的金属文字。

小提示：金属质感部分用图层样式即可做好，参数设置需要根据实际字体大小来定。

图 3-47　金属字效果

项目四　图像编辑

Photoshop CS6 在编辑、修饰图像之前，通过图像编辑工具选择工作区域后，操作只对选择范围内的图像生效。因此选择工作区是进行创作工作的前提，从而完成各类平面设计，达到画面完美的真实效果。本项目通过制作标志、设计宣传海报和照片着色这三个具有代表性任务的完成，使读者掌握图像编辑工具的基本应用和操作技巧。

【能力目标】
- 能对图像进行自由变换
- 能熟练使用套索工具、魔棒工具编辑图像
- 熟练掌握路径的使用

4.1　任务一　制作标志

4.1.1　任务描述

公司接到一任务，为某体育用品商店设计一标志，如图 4-1 所示。项目经理要求你用 Photoshop CS6 快速地完成这一任务。

图 4-1　标志最终效果

4.1.2　任务分析

完成此任务，首先应创建网格来规范标志的制作，在制作过程中，通过不同的选区创建模式来创建三叶草形状的选区。通过选区的变换来创建不同位置的三叶草叶片。使用相同的方法，制作标志其他组成部分，使其得到最终效果。

知识点：
自由变换选区

4.1.3 任务实施

步骤 1   创建三叶草形状选区

（1）按图 4-2 所示的参数，新建一"徽标"图形文件。

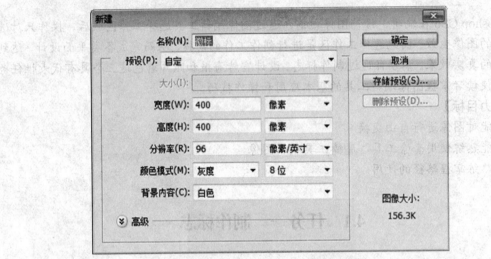

图 4-2   "新建"对话框

（2）选择菜单栏中的【视图】→【显示】→【网格】命令，在图像窗口中显示网格，如图 4-3 所示。

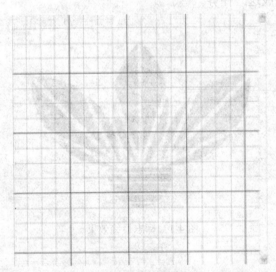

图 4-3   显示网格

（3）在工具箱中选择"矩形选框工具"，在属性栏中设置其参数如图 4-4 所示。

| □ ▾ | ▣▣▣▣ | 羽化: 0 px | □ 消除锯齿 | 样式: | 固定大小 ▾ | 宽度: 250 px | ⇄ | 高度: 250 px |

图 4-4   设置矩形选框工具的参数

（4）选择"矩形选框工具"，在绘图区域中创建一个正方形选区，如图 4-5 所示。

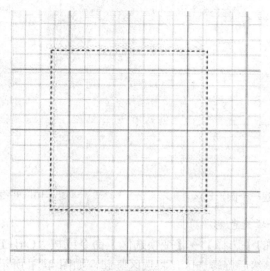

图 4-5　创建正方形选区

（5）在工具箱中选择"椭圆选框工具"，在属性栏中单击与选区交叉"▣"按钮 ，其参数设置如图 4-6 所示。

图 4-6　椭圆选框工具的设置

（6）在绘图窗口中拖动圆形选区，将其与正方形选区交叉，如图 4-7 所示，得到一个半圆选区，如图 4-8 所示。

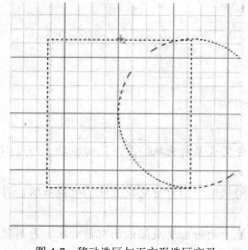

图 4-7　移动选区与正方形选区交叉

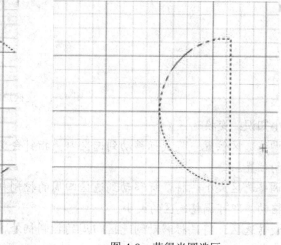

图 4-8　获得半圆选区

（7）使用"椭圆选框工具"再次创建一个正圆形选区，拖动该选区使其与刚才创建的半圆选区交叉，如图 4-9 所示，得到一个叶片状选区，如图 4-10 所示。

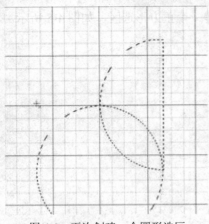

图 4-9　再次创建一个圆形选区

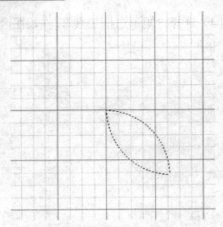

图 4-10　获得叶片状选区

步骤 2　变换选区并填充色彩

（1）选择菜单栏中的【选择】→【变换选区】命令或按"Ctrl+T"组合键，对选区进行变换。移动选区的位置，然后旋转选区，将选区竖起，如图 4-11 所示。完成选区变换后，按"Enter"键确认选区变换。

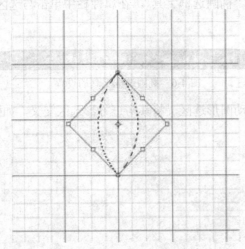

图 4-11　变换选区

小知识：变换选区。

调整选区位置：将鼠标移动到选区内，指针会变成黑箭头状，再用鼠标拖动，即可调整选区的位置。

调整选区大小：将鼠标移动到选区四周的控制柄处，指针会变成直线的双箭头状，再用鼠标拖动，即可调整选区的大小。

旋转选区：将鼠标移动到选区四周的控制柄外，指针会变成弧线的双箭头状，再用鼠标拖动，即可旋转选区。

其他方式变换选区：对于没有选择图像的选区，可以选择菜单栏中的【编辑】→【变换】→【xx】菜单命令，进入选区变换状态，可以进行选区的缩放、旋转、斜切、扭曲、透视等操作。其中"xx"是"变换"菜单下的子菜单命令，如图 4-12 所示。

小技巧：鼠标放于控制柄处，右击鼠标也会出现自由变换的快捷菜单，如图4-13所示。

图4-12　变换子菜单　　　　　　图4-13　右键快捷菜单

（2）新建图层1，设置前景色为红色，按"Alt+Delete"组合键填充图形颜色，按"Ctrl+D"组合键取消选区，如图4-14所示。

（3）在工具箱选框工具中的隐藏工具中选择单列选框工具" "，在三叶草的中心创建一个单列选区，如图4-15所示。

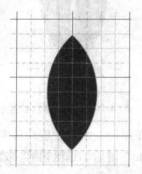
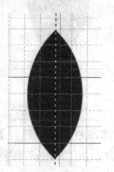

图4-14　填充图形颜色　　　　　　图4-15　创建单列选区

小知识：在工具箱中的选框工具中包含四种选框工具：矩形选框工具、椭圆选框工具、单行选框工具和单列选框工具，如图4-16所示。

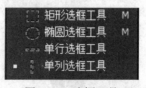

图4-16　选框工具

单行选框工具：单击鼠标指针变成为十字线状，用鼠标在画布窗口内拖动，即可创建一个一行像素的选区。

单列选框工具：单击鼠标指针变成为十字线状，用鼠标在画布窗口内拖动，即可创建一个一列像素的选区。

（4）选择菜单栏中的【选择】→【修改】→【扩展】命令，在打开的"扩展选区"对话框中输入扩展量，如图 4-17 所示。单击"确定"按钮关闭对话框，选区得到扩展，如图 4-18 所示。

图 4-17　"扩展选区"对话框

（5）将背景色设置为白色，按"Delete"键清除选区内容。按"Ctrl+D"组合键取消选区，此时图形的效果如图 4-19 所示。

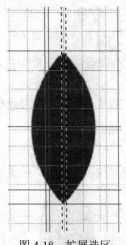

图 4-18　扩展选区

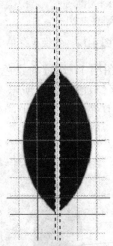

图 4-19　清除选区内容

（6）选择菜单栏中的【选择】→【变换选区】命令，在属性栏中设置旋转角度为"20 度"，调整到适当位置，按"Enter"键应用选区变换，按"Delete"键清除选区内容，效果如图 4-20 所示。

（7）在属性栏中设置旋转角度为"-40 度"，调整到适当位置，效果如图 4-21 所示。

（8）按"Enter"键应用选区变换，按"Delete"键清除选区内容，效果如图 4-22 所示。

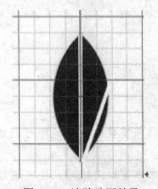

图 4-20　清除选区效果

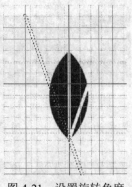

图 4-21　设置旋转角度

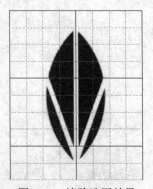

图 4-22　清除选区效果

步骤 3　复制图层并对其自由变换

（1）复制图层 1 两次，得到图层 1 副本和图层 1 副本 2，选中图层 1 副本。

（2）选择菜单栏中的【编辑】→【变换】→【旋转】命令，在属性栏中设置角度为"45度"，移动和旋转选区，按"Enter"键确认选区变换，效果如图 4-23 所示。

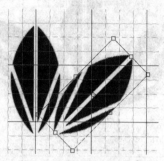

图 4-23　移动和旋转选区

（3）重复上述操作，选中"图层 1 副本 2"，选择菜单栏中的【编辑】→【变换】→【旋转】命令，在属性栏中设置角度为"-45 度"，移动和旋转选区，编辑另外一个叶片效果，按"Enter"键确认变换选区，得到如图 4-24 所示效果。

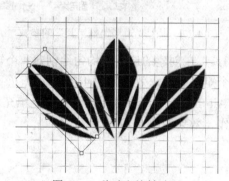

图 4-24　移动和旋转选区

步骤 4　制作标志下方的图形

（1）在工具箱中选择"椭圆工具"，新建图层 2，按"Shift"键绘制正圆，效果如图 4-25 所示。

图 4-25　绘制一个圆形

（2）在工具箱中选择"矩形选框工具"，在属性栏中单击从选区中减去"▣"按钮，将"样式"设置为"正常"。在图像中绘制选区，将圆形选区的上部去掉，效果如图4-26所示。

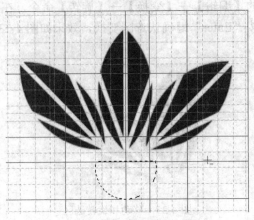

图4-26　放置选区

（3）在属性栏中修改"矩形选框工具"的参数，如图4-27所示。

| [] ▾ | ⬜◰◳◱ | 羽化: 0 px | ☐消除锯齿 | 样式: | 固定大小 ▾ | 宽度: 300 px | ⇄ | 高度: 3px |

图4-27　设置"矩形选框工具"的参数

（4）使用"矩形选框工具"在创建的选区内均匀地创建4个矩形选区，最终获得的选区将是原来半圆选区减去这4个矩形选区，效果如图4-28所示。

（5）选中图层2，按"Alt+Delete"组合键用前景色红色填充选区，按"Ctrl+D"组合键取消选区，完成本实例的制作，效果如图4-29所示。

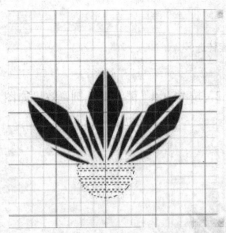

图4-28　最终创建的选区

图4-29　实例的最终效果

4.1.4　任务小结

通过本任务的学习，使读者掌握选框工具以及选框工具属性栏中参数的设置，利用不同的选区形式来编辑图形，通过对图像的旋转、移动等操作来完成标志的制作。

4.2　任务二　设计宣传海报

4.2.1　任务描述

速茗原片绿茶专卖店要求给其设计一幅茶叶的商业海报，做为"双十一"促销产品的宣传。专卖店提出了设计要求，提供了设计素材资料以及设计制作效果图的样图。样图如图4-30所示。希望做为设计师的你能尽快完成此任务。

图4-30　宣传海报样图

4.2.2　任务分析

为了更好地使设计达到宣传作用，引起消费者的购买欲望，从而促进销售，使商家盈利，应本着实用性强的原则，充分利用图形文字和色彩等设计要素，强化和完善平面设计的效果，达到商业设计的要求。此任务首先按照海报设计的版式要求，来完成背景图像大小的编辑和茶壶图像的选取，然后利用自由变换操作制作出画面中心的立体包装盒效果，最后使用文字工具来完成最终效果。

知识点：

1. 版式设计的技巧
2. 透视效果
3. 能熟练运用文字工具

4.2.3　任务实施

步骤1　置入图像并调整大小

（1）按图4-31所示的参数，新建一"宣传海报设计"图形文件。

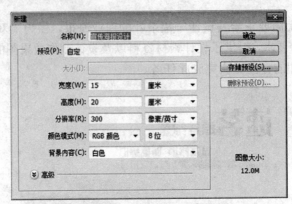

图4-31　"新建"对话框

（2）选择菜单栏中的【文件】→【置入】命令，打开本书素材库中的"项目四\茶园.jpg"素材文件。

（3）选择菜单栏中的【图层】→【栅格化】→【智能对象】命令或者在置入的图层上单击鼠标右键，在快捷菜单中选择【栅格化图层】命令栅格化图层，使置入图层转化为普通图层。

（4）按"Ctrl+T"组合键改变图像大小，效果如图4-32所示。

图4-32　置入图像

小知识：打开和置入的区别。

选择菜单栏中的【文件】→【打开】命令，可以将新打开的图像文件和原有的文件同时打开，两个图像文件或多个图像文件并行存在。选择菜单栏中的【文件】→【置入】命令，将图片置入到原图像文件中，生成一个置入图层。在 Photoshop 中，可以置入 PDF、Illustrator 和 EPS 文件；在 ImageReady 中，除了包含 CMYK 图像的 Photoshop（PSD）文件以外，其他任何受支持格式的文件都可以置入。

PDF、Illustrator 或 EPS 文件在置入之后必须要栅格化，转换为普通图层，才可以编辑所置入的图片、文本或矢量数据。

步骤 2　打开素材，选取图像

（1）打开本书素材库中的"项目四\壶.jpg"文件。在工具箱中选择"磁性套索工具"把"壶"的图像载入选区，得到如图 4-33 所示的效果。

图 4-33　载入选区

小知识：套索工具组的不同用法。

套索工具"🔽"：单击它，鼠标指针变为套索状，在画布窗口内沿着图像的轮廓拖动，可创建一个不规则的选区，如图 4-34 所示。

多边形套索工具"🔽"：单击它，鼠标指针变为多边形套索状，单击多边形选区的起点，再依次单击多边形选区的各个顶点，最后单击多边形选区的起点，将形成一个闭合的多边形选区，如图 4-35 所示。

磁性套索工具"🔽"：单击它，鼠标指针变为磁性套索状，在画布内拖动，最后在终点处双击，即可创建一个不规则的选区，如图 4-36 所示。

图 4-34　套索工具　　　　图 4-35　多边形套索工具　　　　图 4-36　磁性套索工具

（2）将选区拖动到"宣传海报设计.psd"文档中，用"魔棒工具"点击白色区域，如图 4-37 所示，使其选中并按"Delete"键删除，并取消选区。把图像移至右下角。效果如图 4-38 所示。

图 4-37　用魔棒工具将图像载入选区

图 4-38　删除选区

小技巧：属性栏中的四种选区形式，可以运用魔棒工具对图像选择的范围扩大或缩小。

单击第一个按钮"□□□□"，用魔棒工具在图像中单击图像，效果如图 4-39 所示，单击第二个按钮"□□□□"，用魔棒工具在图像中多次单击图像，可扩大选区范围，效果如图 4-40 所示。

图 4-39　魔棒工具的使用

图 4-40　用魔棒工具扩大选区效果

步骤 3　制作蒸汽效果

（1）新建图层 2，设置前景色为白色，用画笔在画面中绘制两条曲线，效果如图 4-41 所示。

图 4-41　绘制曲线

（2）选择菜单栏中的【滤镜】→【模糊】→【动感模糊】命令，参数设置如图 4-42 所示，单击"确定"按钮，效果如图 4-43 所示。

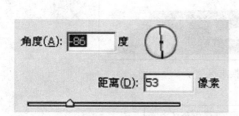

图 4-42　设置参数　　　　　　　　　　　图 4-43　动感模糊

步骤 4　制作立体包装盒

（1）打开本书素材库中的"项目四\茶叶包装.jpg"素材文件。

（2）用矩形选框工具分别选取图形，如图 4-44 所示。分别将选区拖动至"宣传海报设计.psd"文件中，生成图层 3 和图层 4，效果如图 4-45 所示。

图 4-44　选取图像

图 4-45　移动图像

（3）选中图层 4，选择菜单栏中的【编辑】→【变换】→【透视】命令，调整至如图 4-46 所示的效果。按方向键来调整图像的位置，达到如图 4-47 所示的效果。

图 4-46　变换选区

图 4-47　调整图像

　　小技巧：透视操作是在选定被编辑图像后出现调整框，将光标放在四角任一节点上拉动，即可将选区变换为"透视"效果。

（4）按住"Ctrl"键，同时选中图层 3 和图层 4，单击鼠标右键，在快捷菜单中选择"合并图层"命令，把图层 3 和图层 4 合并为图层 3。或者选中图层 4，按"Ctrl+E"组合键完成向下合并图层。

（5）给图层 3 添加"图层样式"中的"投影"效果，参数设置如图 4-48 所示。

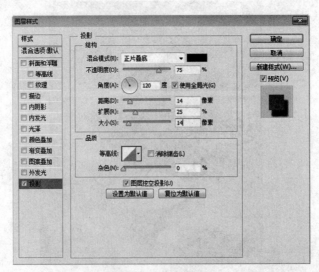

图 4-48　添加投影

步骤 5　输入文字达到最终效果

（1）选择工具箱中的文字工具，在画面的左上角单击输入"速茗原片绿茶"，设置"速茗"字体为"迷你简粗倩"，字号为"48pt"；"原片绿茶"字号为"24pt"，颜色为绿色。用同样的方法输入其他文字，效果如图 4-49 所示。

图 4-49　输入文字

（2）调整位置，得到最终效果如图 4-50 所示。

图 4-50　最终效果

4.2.4　任务小结

本任务主要使读者掌握套索工具、魔棒工具的不同操作技巧，通过对所学内容图像的变换和新知识的有效结合，顺利完成实例的制作。

4.3 任务三 照片着色

4.3.1 任务描述

某影楼接到一新的工作任务，客户要求把自己的一张黑白照片着色成为彩色照片。黑白照片如图 4-51 所示，要求达到的彩色效果如图 4-52 所示。

图 4-51 着色前

图 4-52 着色后

4.3.2 任务分析

完成此任务，主要使用钢笔工具来绘制路径，并将路径载入选区，调整选区的色彩，最后实现选区的着色。

知识点：

1. 钢笔工具组的使用
2. 路径、路径节点

4.3.3 创建与编辑路径

1. 路径

路径是 Photoshop 的重要组成部分，是用 Photoshop 精确绘制图像、选择图像和修饰图像的重要工具。

路径上有无数个节点构成，通过对节点的编辑来改变路径的形状。编辑节点包括添加、删除节点、平均节点等，可以在任何路径上添加或删除节点。添加节点可以更好地控制路径的形状，有助于编辑路径。同样，可以通过删除节点来改变路径的形状或简化路径。如果路径中包含众多的节点，而有的节点的作用并不大，删除不必要的节点可以减少路径的复杂程度，并且能使路径看上去简洁。

2. 钢笔工具组

在 Photoshop 的工具箱中，用鼠标右击"钢笔工具"按钮可以显示出钢笔工具组，如图 4-53 所示，通过这 5 个工具可以完成路径的前期绘制工作。

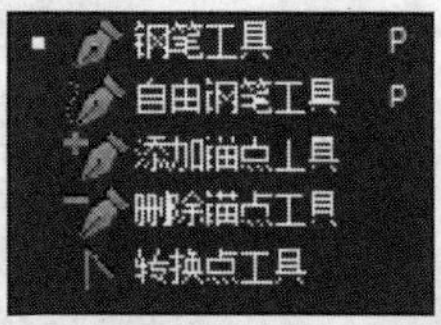

```
■ ⚫ 钢笔工具        P
  ⚫ 自由钢笔工具      P
  ⚫ 添加锚点工具
  ⚫ 删除锚点工具
  ⚫ 转换点工具
```

图 4-53 钢笔工具组

钢笔工具：常常用于制作一些复杂的线条，用它可以画出很精确的曲线。在属性栏中的"选择工具模式"下拉列表中有三种创建模式：形状、路径和像素，如图 4-54 所示。

图 4-54　创建模式

创建形状图层模式不仅可以在路径面板中新建一个路径，同时还在图层面板中创建了一个形状图层，可以在创建之前设置形状图层的样式，混合模式和不透明度的大小。

在属性栏中勾选"☑ 自动添加/删除"选项，可以在绘制路径的过程中对绘制出的路径添加或删除锚点。

自由钢笔工具：画出的线条就像用铅笔在纸上直接绘画一样。

添加锚点工具：可以在任何路径上增加新锚点。

删除锚点工具：可以在路径上删除任何锚点。

转换点工具：可以将一条光滑的曲线变成直线，反之亦然。

4.3.4　任务实施

（1）打开本书素材库中的"项目四\女孩.jpg"素材文件。

（2）单击工具箱中的"钢笔工具"按钮，在属性栏中的"选择工具模式"下拉列表中选择"路径"。

（3）单击图像中头发轮廓左边的一点，创建路径的第 1 个节点，再单击下一个头发轮廓的转折点（即路径的节点），如果下一个转折点（即路径的节点）与前一个路径节点之间的轮廓线是弧线，则单击下一个路径节点后不松开鼠标左键，拖动鼠标，调整路径曲线的弧度与轮廓线的弧线一致，如图 4-55 所示。

图 4-55　绘制路径

小技巧：使用自由钢笔工具绘制时，在属性栏中勾选"磁性的"选项，可以方便绘制工作路径。

（4）依次沿着头发轮廓线单击或者调整路径曲线，最后将鼠标指针移到第 1 个路径节点处，鼠标指针会出现一个小圆圈，单击第 1 个路径节点，构成一个封闭的路径曲线。此时，路径面板内会自动添加一个"工作路径"路径层，如图 4-56 所示。

图 4-56　头发轮廓工作路径

小知识：路径面板。

绘制好的路径曲线都在路径面板中，在路径面板中可以看到每条路径曲线的名称及其缩略图，如图 4-57 所示。

图 4-57　路径面板

（5）选择工具箱中的直接选择工具"　"按钮，单击路径曲线，此时路径曲线的所有路径节点会显示出来。

小知识：路径选择工具组。

右击工具箱中的路径选择工具"　"按钮，打开如图 4-58 所示的路径选择工具组。

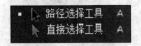

图 4-58　路径选择工具组

路径选择工具可以选择两种不同的路径组件。

直接选择工具可以单独调节路径上节点的位置和曲率，如图 4-59 所示。

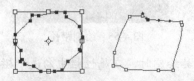

图 4-59　直接选择工具上的节点

（6）用鼠标拖动路径节点或路径节点切线的控制柄，可以调整路径节点的位置和路径曲线的弧度。

（7）选中要调整的节点，右击鼠标，在弹出的快捷菜单中选择"自由变换点"命令，会在节点四周出现一些控制柄，进入自由变换状态。用鼠标拖动各控制柄，可以改变节点的位置、节点切线的方向和路径曲线的弧度。按"Enter"键，确定调整结果。

（8）选择路径面板内的"将路径作为选区载入"按钮，即可将路径转换为选区，或按住"Ctrl"键，单击路径面板中的路径缩览图，也可以将路径转换为选区，如图4-60所示。

图4-60　将路径作为选区载入

（9）选择菜单栏中的【图像】→【调整】→【色相/饱和度】命令，打开"色相/饱和度"对话框，如图4-61所示，按图中所示设置参数，单击"确定"按钮，为选区内的头发着色，效果如图4-62所示。

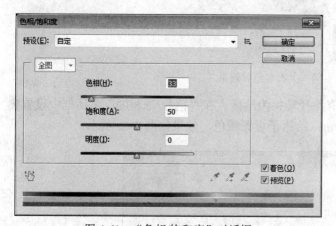

图4-61　"色相/饱和度"对话框

图4-62　头发着色效果

（10）将路径面板中的"工作路径"图层拖动到"删除当前路径"按钮，删除路径图层。回到图层面板，按"Ctrl+D"组合键取消选区。

（11）用"钢笔工具"沿着上衣轮廓创建路径，选择路径面板内的"将路径作为选区载入"按钮，即可将路径转换为选区。

（12）选择菜单栏中【图像】→【调整】→【色相/饱和度】命令，打开"色相/饱和度"对话框，按图4-63所示设置参数，单击"确定"按钮，给上衣调整颜色，效果如图4-64所示。按"Ctrl+D"组合键取消选区。

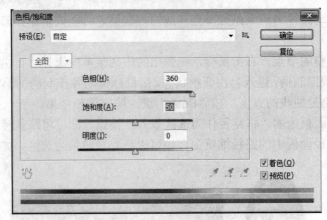

图 4-63　给上衣调整颜色参数

图 4-64　上衣着色后效果

（13）按照上述方法，将裙子轮廓路径转换为选区。在"色相/饱和度"对话框中设置参数。如图 4-65 所示，单击"确定"按钮，给裙子设置颜色，效果如图 4-66 所示。

图 4-65　给裙子设置颜色参数

图 4-66　裙子着色后效果

　　（14）按照上述方法，创建皮肤轮廓的选区，在"色相/饱和度"对话框中设置参数，如图 4-67 所示，单击"确定"按钮，给皮肤着色，效果如图 4-68 所示。

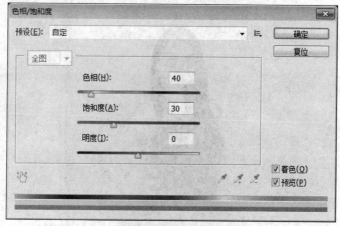

图 4-67　给皮肤设置着色参数

图 4-68　皮肤着色后效果

　　（15）按照上述方法，创建选中整个人物背景的选区，在"色相/饱和度"对话框中设置参数，如图 4-69 所示，单击"确定"按钮，给背景着色，效果如图 4-70 所示。

图 4-69　给背景设置着色参数

图 4-70　背景着色后效果

（16）按照上述方法，创建选中嘴唇的选区，弹出"色相/饱和度"对话框，在"色相/饱和度"对话框中设置参数，如图 4-71 所示，单击"确定"按钮，给嘴唇着色，效果如图 4-72 所示。

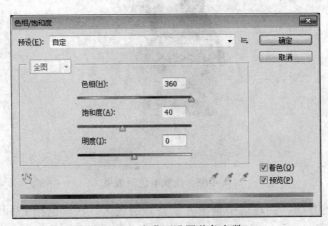

图 4-71　给嘴唇设置着色参数

图 4-72 嘴唇着色后效果

（17）完成后的最终效果，如图 4-73 所示。

图 4-73 最终效果

4.3.5 任务小结

本任务主要使读者掌握使用钢笔工具来绘制路径，以及熟练调节路径节点的位置和控制柄，同时可以将路径转换为选区，来编辑图像色彩，从而完成黑白照片的着色。

4.4 强化训练

1. 利用选框工具设置不同的选区形式，并能自由变换图形，制作如图 4-74 所示的图像效果。

图 4-74 绘制小猴子

2．设计构思一幅有关咖啡的商业海报，根据所学的技能操作，独立完成海报的制作。

3．根据本书素材库所提供的素材,使用套索工具和钢笔工具来完成如图 4-75 所示的效果。

图 4-75　案例效果

4．自由变换图像有几种类型？如何操作？

5．绘制如图 4-76 所示的立体几何图形。

6．制作如图 4-77 所示的旅行社宣传广告（实例素材在本书配套素材库）。

图 4-76　立体几何图形

图 4-77　旅行社宣传广告

项目五　图像色彩调整

　　要想创作出精美的图像，色彩的调整是必不可少的。Photoshop CS6 中提供了一系列调整图像色彩的命令，包括色彩平衡、曲线、亮度/对比度以及一些特殊色彩效果的制作。使用这些命令，用户可以在同一图像中调配出不同颜色的效果，从而有效地控制色彩，设计出高品质的图像。本项目通过制作快照、制作风景照和处理个性照片三个具有代表性任务的完成，对图像色彩调整的基本应用和技巧进行学习。

【能力目标】

- 能制作图像的快照效果
- 能调整图像的色调
- 能调整彩色图像变成黑白图像
- 能运用图像颜色调整的相关知识给图片调整色彩
- 能制作不同效果的风景照
- 能打造个性的艺术照片

5.1　任务一　制作快照

5.1.1　任务描述

　　某客户要求摄影中心对一幅风景照片进行装饰处理，在图片上制作图像的快照效果，如图 5-1 所示。项目负责人要求设计人员在较短的时间内应用 Photoshop CS6 快速地完成该任务。

图 5-1　"图像快照效果"最终效果

5.1.2 任务分析

为了使一张平淡的图片增加艺术效果，引起观众的注意，可以使该图形产生动感的快照效果。完成此任务，首先应打开背景图片，在图像中创建矩形选区，然后对图像进行色彩调整，变换选区得到最终效果。

知识点：

1. 去色命令
2. 色彩平衡命令

5.1.3 任务实施

步骤 1 打开素材，创建矩形选区

（1）启动 Photoshop CS6，打开本书素材库中的"项目五\5-2.jpg"素材文件，如图 5-2 所示。

图 5-2 背景图片

（2）选择工具箱中的"矩形选框工具"，在图像中创建适当大小的矩形选区，如图 5-3 所示。

图 5-3 创建选区

（3）选择菜单栏中的【选择】→【变换选区】命令，拖动调整框，旋转选区，按"Enter"键确认变换操作，效果如图5-4所示。

图5-4　变换选区

步骤2　去色

（1）选择菜单栏中的【选择】→【反向】命令。

（2）选择菜单栏中的【图像】→【调整】→【去色】命令，效果如图5-5所示。

图5-5　去色效果

小知识： 通过"去色"命令可将彩色图像转换为灰度图像，但图像的颜色模式保持不变。

步骤3　运用色彩平衡命令调整色彩

（1）选择菜单栏中的【选择】→【反向】命令。

（2）选择菜单栏中的【图像】→【调整】→【色彩平衡】命令，打开如图5-6所示的"色彩平衡"对话框，或者单击图层面板下方的"创建新的填充或调整图层"按钮" "，在弹出的快捷菜单中选择"色彩平衡"选项，打开如图 5-7 所示的色彩平衡属性窗口，按照图 5-6 或图 5-7 设置参数，单击"确定"按钮，效果如图 5-8 所示。

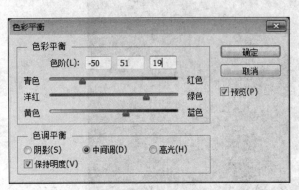

图 5-6　"色彩平衡"对话框　　　　　　　　　图 5-7　色彩平衡属性窗口

图 5-8　色彩平衡效果

小知识：色彩平衡。

1）色彩平衡命令可改变彩色图像中颜色的组成，此命令只是对图像进行粗略的调整，不能像色阶和曲线命令一样来进行较准确的调整。

2）选择菜单栏中的【图像】→【调整】→【色彩平衡】命令，打开"色彩平衡"对话框，如图 5-6 所示。在"色彩平衡"区域中可以在"色阶"文本框中直接输入数字来精确调整色彩平衡度或通过拖动下面的三角滑钮调整色彩平衡度。在"色调平衡"区域中分别选择"阴影"、"中间调"或"高光"对图像的不同部分进行色调平衡调整。

3）如果要在改变颜色的同时保持原来的亮度值，则可选中"色彩平衡"区域中的"保持明度"复选框。

步骤 4　为选区添加相框

（1）按"Ctrl+T"组合键为选区添加变形框.

（2）按"Shift+Alt"组合键的同时拖动变形框，缩小选区内的图像至适当位置后，按"Enter"键确认变形操作。

（3）按"Ctrl+D"组合键取消选区，选择工具箱中的"魔棒"工具，将白色边框载入选区。

（4）选择菜单栏中的【图像】→【调整】→【反向】命令，此时边框白色变为黑色，快照效果完成，效果如图 5-1 所示。

5.1.4　任务小结

通过本任务的完成，读者应掌握图像调整中的"去色"及"色彩平衡"命令，并能运用"去色"及"色彩平衡"命令调整任何背景的图像，以制作丰富多彩的彩色效果图像。

5.2　任务二　制作风景照

5.2.1　任务描述

一摄影爱好者拍摄了一张风景照，如图 5-9 所示，色彩不太饱满，没有达到拍摄者的要求，因此摄影爱好者要求应用 Photoshop CS6 将照片的色彩进行调整，达到色彩饱满的风景照效果，并添加一些薄雾，处理后的效果如图 5-10 所示。

图 5-9　原始图片　　　　　　　　　　图 5-10　处理后的效果

5.2.2　任务分析

为了使拍摄的照片更加美观、颜色饱满，达到拍摄者的要求，可以充分利用 Photoshop 中的色彩调整功能，来强化图片的色彩效果。完成此任务，首先要调整整体图像的颜色，然后运用"图层蒙版"对图片进行局部调整、建立云雾效果，最后对图像进行色彩微调，完成最终效果。

知识点：

1. 曲线命令
2. 亮度/对比度命令
3. 色相/饱和度命令
4. 可选颜色命令
5. 通道混合器命令
6. 盖印图层

5.2.3 任务实施

步骤 1　调整整体图像色彩

（1）启动 Photoshop CS6，打开本书素材库中的"项目五\5-9.jpg"素材文件，如图 5-9 所示。

（2）选择菜单栏中的【图层】→【新建调整图层】→【可选颜色...】命令，打开"新建图层"对话框，如图 5-11 所示，单击"确定"按钮，即可新建一"可选颜色"图层，如图 5-12 所示，同时打开"可选颜色"属性窗口，如图 5-13 所示，分别对黄色和绿色按图 5-14 和图 5-15 所示设置参数。

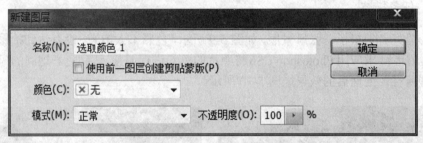

图 5-11　"新建图层"对话框

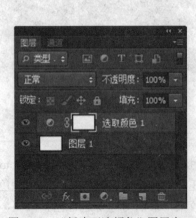

图 5-12　"新建可选颜色"图层窗口

图 5-13　"可选颜色"属性窗口

图 5-14　可选颜色"黄色"属性窗口　　　　图 5-15　可选颜色"绿色"属性窗口

小知识：可选颜色。

1）选择菜单栏中的【图像】→【调整】→【可选颜色...】命令，弹出"可选颜色"对话框，如图 5-16 所示，通过调整该对话框中的相关参数，也可调整图像的颜色，只是不能创建"可选颜色"调整图层。

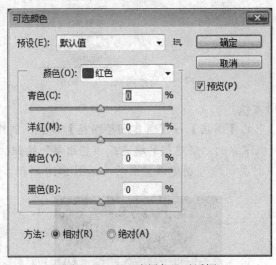

图 5-16　"可选颜色"对话框

2）在"可选颜色"对话框中可对 RGB、CMYK 和灰度等色彩模式的图像进行分通道调整颜色。

在"颜色"下拉列表中选择要修改的颜色通道，然后拖动下面的三角滑块改变该通道颜色。

在"方法"选项中，"相对"单选按钮用于调整现有的 CMYK 相对值，假设图像中现在有 50%的黄色，如果增加了 10%，那么实际增加的黄色是 5%，也就是说增加后为 55%的黄色；"绝对"单选按钮用于调整现有 CMYK 绝对值，假设图像中现在有 50%的黄色，如果增加了 10%，则增加后有 60%的黄色。

3）新建调整图层。

选择菜单栏中的【图层】→【新建调整图层】命令，打开"新建调整图层"的下拉菜单，如图 5-17 所示。"新建调整图层"菜单包括"色阶"、"曲线"、"色彩平衡"、"亮度/对比度"、"色相/饱和度"、"可选颜色"、"通道混合器"等。通过为图像添加调整图层，可以方便在修改和重新调整图像时，查找上一次操作的参数。

图 5-17　"新建调整图层"菜单

新建调整图层有两种方法。

方法 1：选择菜单栏中的【图层】→【新建调整图层】命令，创建调整图层。

方法 2：单击图层面板下方的"创建新的填充或调整图层"按钮"🌓."，在弹出的快捷菜单中选择需要创建的图层种类，即可创建调整图层，如图 5-18 所示。

图 5-18　"创建新的填充或调整图层"按钮

（3）选择菜单栏中的【图层】→【新建调整图层】→【曲线...】命令，单击"确定"按钮，即可新建一"曲线图层"，同时打开"曲线"调整对话框，如图 5-19 所示。

（4）按图 5-19 所示的参数对通道中的"RGB"值进行设置，单击"确定"按钮，完成"RGB"通道色彩的调整。

（5）按图 5-20 所示的参数对通道中的"红"单色通道进行设置，单击"确定"按钮，完成"红"通道色彩的调整。

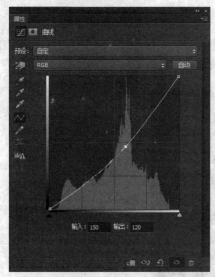
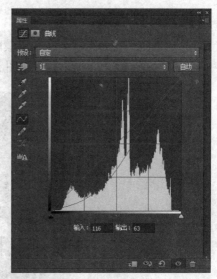

图 5-19　"RGB"通道曲线调整　　　　　　图 5-20　"红"通道曲线调整

小知识：曲线命令。

1）通过"曲线"命令，可以对图像的整个色调范围进行调整，也可通过该命令对单色颜色通道进行精确的调整。选择菜单栏中的【图像】→【调整】→【曲线】命令，或者选择菜单栏中的【图层】→【新建调整图层】→【曲线】命令，打开"新建图层"对话框，如图 5-11 所示，单击"确定"按钮，即可新建一"曲线"图层，单击"曲线"图层，打开"曲线"属性窗口，如图 5-21 所示。通过"曲线"属性窗口，也可调整 RGB 总通道颜色或单色通道颜色。

图 5-21　"曲线"属性窗口

2）在曲线调整窗口中，横轴用来表示图像原来的亮度值，纵轴用来表示新的亮度值，对角线用来显示当前"输入"和"输出"数值之间的关系，在没有进行调整时，所有的像素都有相同的输入和输出数值。

在"曲线"调整窗口中可选择合成的通道进行调整，也可选择不同的单色通道来进行单色调整。

步骤 2　调整局部图像色彩

（1）选中"曲线 1"图层，在图层蒙版中用黑色画笔擦掉除"水面"以外的其他部分，图层蒙版缩览图如图 5-22 所示，得到如图 5-23 所示效果。

图 5-22　图层蒙版缩览图

图 5-23　擦掉除"水面"以外的效果

（2）选择菜单栏中的【图层】→【新建调整图层】→【通道混合器】命令，单击"确定"按钮，可新建一"通道混合器图层"，同时打开"通道混合器"属性窗口，如图 5-24 所示，对输出通道中的"红"、"蓝"通道分别按图 5-25 和图 5-26 所示的参数设置。

图 5-24　"通道混合器"属性窗口

图 5-25　通道混合器红色通道参数

图 5-26　通道混合器蓝色通道参数

小知识：通道混合器。

"通道混合器"命令可以分别对各个图层通道进行颜色调整。选择菜单栏中的【图像】→【调整】→【通道混合器】命令，或者选择菜单栏中的【图层】→【新建调整图层】→【通道混合器】命令，都可打开"通道混合器"窗口，如图 5-24 所示。

在"通道混合器"属性窗口的"输出通道"下拉列表中选择要调整的颜色通道，在源通道栏中拖动三角滑块可改变各颜色。

必要情况下，可以调整"常数"值，以增加该通道的补色，或是选中"单色"复选框，以制作出灰度的图像。

（3）选中"通道混合器 1"图层，在图层蒙版中用黑色画笔擦掉除"房子"以外的其他部分，图层蒙版缩览图如图 5-27 所示，得到如图 5-28 所示效果。

图 5-27　图层蒙版缩览图

图 5-28　完成图像效果

（4）新建"图层 1"，并填充成绿色（#375203）。

（5）把图层面板中的"图层混合模式"设置为"叠加"，不透明度设置为 80%。

（6）选择菜单栏中的【图层】→【新建调整图层】→【色相/饱和度…】命令，单击"确定"按钮，创建"色相/饱和度调整图层"，同时打开"色相/饱和度"属性调整窗口，参数设置如图 5-29 所示。

图 5-29   "色相/饱和度"属性调整窗口

小知识：色相/饱和度。

"色相/饱和度"命令可以控制图像的色相、饱和度和明度，如图 5-29 所示。

在"全图"下拉列表中包括红色、绿色、蓝色、青色、洋红以及黄色 6 种颜色，可选择任何一种颜色进行调整，或者选择默认选项"全图"来调整所有的颜色。

通过拖动三角滑块可改变"色相"、"饱和度"和"明度"，在窗口的下面有两个色谱，上面的色谱表示调整前的状态，下面的色谱表示调整后的状态。

选择"着色"复选框后，图像变成单色，拖动三角滑块来改变色相、饱和度和亮度。

通过选择菜单栏中的【图像】→【调整】→【色相/饱和度...】命令，打开"色相/饱和度"对话框，如图 5-30 所示。通过该对话框也可完成"色相/饱和度"的调整。

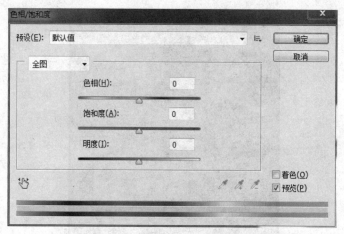

图 5-30   "色相/饱和度"对话框

步骤 3   建立云雾效果

（1）新建"图层 2"，按"D"键，把前景、背景颜色恢复到默认的黑白。

（2）选择菜单栏中的【滤镜】→【渲染】→【云彩】命令，单击"确定"按钮。

（3）按"Ctrl+Alt+F"组合键加强云彩滤镜。

（4）把图层面板中的"图层混合模式"设置为"滤色"。

（5）单击图层面板下方的"添加蒙版"按钮，为该图层加上图层蒙版，用黑色画笔擦掉多余的部分，效果如图 5-31 所示。

图 5-31　完成效果

（6）选择菜单栏中的【图层】→【新建调整图层】→【可选颜色…】命令，单击"确定"按钮，或在图层面板下方单击"创建新的填充或调整图层"按钮" "，创建"可选颜色调整图层"，对红色及绿色进行调整，参数设置如图 5-32 所示。

图 5-32　可选颜色绿色参数

（7）新建"图层3"，按"Ctrl+Alt+Shift+E"组合键盖印图层，按"Ctrl+Shift+U"组合键去色。

（8）把图层面板中的"图层混合模式"设置为"柔光"，图层不透明度改为40%，完成云雾效果 。

小知识：盖印图层。

盖印图层，也就是将多个可见图层合并为一个图层的同时，保留原图层。这样既可避免合并图层所造成的图层丢失，又方便查找原有图像的参数。

同时按下"Ctrl+Shift+Alt+E"组合键，便可将当前图层中所有的可见图层进行盖印处理。

步骤4　微调

选择菜单栏中的【图像】→【调整】→【亮度/对比度】命令，参数设置如图5-33所示，完成最终效果如图5-10所示。

小知识：亮度/对比度。

使用"亮度/对比度"命令可以对图像的亮度和对比度进行调整。对高精度的图像文件使用"亮度/对比度"命令，会使图像丢失细节元素。该命令多用于数码照片和高精度图像的调整。

单击菜单栏中的【图像】→【调整】→【亮度/对比度】命令，弹出"亮度/对比度"属性窗口，如图5-34所示。或者单击"创建新的填充或调整图层"按钮 " "，在弹出的快捷菜单中选择"亮度/对比度"选项，也可打开"亮度/对比度"属性窗口。

图5-33　"亮度/对比度"参数设置

图5-34　"亮度/对比度"属性窗口

5.2.4　任务小结

本任务介绍了风景照片的调色。该任务的完成主要使用了调整图层、图层的混合模式、图像的调整等相关知识，知识点要灵活运用，才能制作更佳的风景照片效果。由于个人的审美及爱好不同，即使是同一张照片调出的色调也千变万化。调色只能做为一种参考，如何把握好色调则需要自己去努力。

5.3 任务三 处理个性照片

5.3.1 任务描述

一客户要求把自己的一张普通照片，如图 5-35 所示，处理成富有个性的艺术照片效果，如图 5-36 所示。要求色调以橙黄为主，色调对比大一些，突出人物的阳光气质。

图 5-35 暗黄色照片原图　　　　　　图 5-36 暗黄色照片最终效果

5.3.2 任务分析

为了使拍摄的照片富有个性，色彩独特，反映人物的个人气质，可以利用 Photoshop CS6 中的色彩调整达到要求。完成此任务，需通过"复制图层"、"去色"、"图层的混合模式"、"图层的不透明度"对照片进行调整，其次为照片增加艺术效果，并对照片进行色彩调整，最后对照片进行整体处理。

知识点：
1. 图层蒙版
2. "云彩"滤镜

5.3.3 任务实施

步骤 1 对照片背景进行色彩调整

（1）启动 Photoshop CS6，打开本书素材库中的"项目五\5-35.jpg"素材文件，如图 5-35 所示。

（2）按"Ctrl+J"组合键把背景图层复制一层，按"Ctrl+Shift+U"组合键去色。

（3）把图层面板中的"图层混合模式"设置为"叠加"，图层不透明度改为 70%，图层面板设置如图 5-37 所示。

（4）新建一个图层，按"D"键，把前景、背景颜色恢复到默认的黑白。

（5）选择菜单栏中的【滤镜】→【渲染】→【云彩】命令，单击"确定"按钮后按"Ctrl+Alt+F"组合键加强一下，达到效果如图 5-38 所示。

图 5-37　设置图层面板

图 5-38　云彩效果

（6）把该图层混合模式改为"颜色加深"。

（7）单击图层面板下方的"添加图层蒙版"按钮"▣"添加图层蒙版，用黑色画笔把中间部分擦出来，效果如图 5-39 所示。

图 5-39　添加蒙版后完成效果

小知识：

1）图层蒙版。

图层蒙版是 Photoshop 提供的一种能够临时屏蔽图像局部，从而达到混合图像目的的强大工具。通过图层蒙版可以掩盖图像或保存选区。

单击图层面板下方的"添加图层蒙版"按钮""，可以为当前所在图层添加图层蒙版，此时，在图层缩览图的右边添加了一个空白的图层蒙版缩览图，如图 5-40 所示。

图 5-40　添加图层蒙版

小技巧：按住"Alt"键的同时单击"添加图层蒙版"按钮，所添加的图层蒙版可以将当前图层全部隐藏起来。在图层面板中蒙版呈黑色显示，如图 5-41 所示。

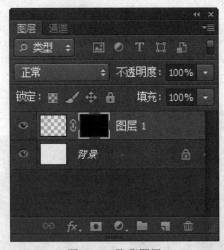

图 5-41　隐藏图层

2）"云彩"滤镜。

"云彩"滤镜可以使用介于前景色与背景色之间的随机值生成柔和的云彩图案。

选择菜单栏中的【滤镜】→【渲染】→【云彩】命令，创建云彩效果，按"Ctrl+Alt+F"组合键可以加强效果。

（8）选择菜单栏中的【图层】→【新建调整图层】→【可选颜色…】命令，单击"确定"按钮，或在图层面板下方单击"创建新的填充或调整图层"按钮""，创建"可选颜色调整图层"，对黄色及绿色进行调整，参数设置如图5-42和图5-43所示。

图 5-42　可选颜色黄色设置

图 5-43　可选颜色绿色设置

（9）在图层面板下方单击"创建新的填充或调整图层"按钮""，创建"色相/饱和度调整图层"，参数设置如图5-44所示。

（10）在图层面板下方单击"创建新的填充或调整图层"按钮""，创建"通道混合器调整图层"，对蓝色进行调整，参数设置如图5-45所示，效果如图5-46所示。

图 5-44　色相/饱和度绿色设置

图 5-45　通道混合器参数设置

（11）新建一个图层，按"Ctrl+Alt+～"组合键调出高光选区，如图5-47所示。

图 5-46　调整颜色效果

图 5-47　高光选区效果

（12）对高光选区填充颜色为 "#F9F008"，把图层混合模式改为 "正片叠底"，效果如图 5-48 所示。

图 5-48　为高光选区填充颜色效果

（13）在图层面板下方单击"创建新的填充或调整图层"按钮""，创建"曲线调整图层"，对红色及蓝色通道进行调整，参数设置如图5-49和图5-50所示。

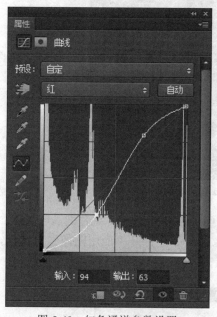

图5-49　红色通道参数设置

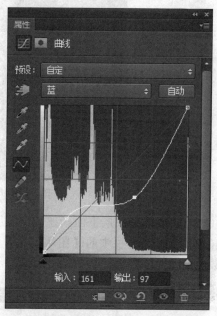

图5-50　蓝色通道参数设置

（14）新建一个图层，按"Ctrl+Alt+Shift+E"组合键盖印图层，按"Ctrl+M"组合键打开"曲线"对话框调整曲线，对红色通道进行调整，参数设置如图5-51所示。

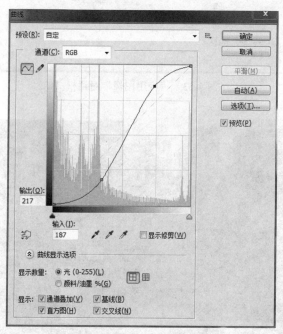

图5-51　曲线调整设置

（15）单击当前图层前面的""图标把该图层暂时隐藏，如图5-52所示。

图 5-52　隐藏图层 4 后的效果

（16）在隐藏的图层下面新建一个图层，按"Ctrl+Alt+Shift+E"组合键盖印图层。

（17）选择菜单栏中的【图像】→【应用图像】命令，打开"应用图像"对话框，其中的参数设置如图 5-53 所示，单击"确定"按钮，完成效果如图 5-54 所示。

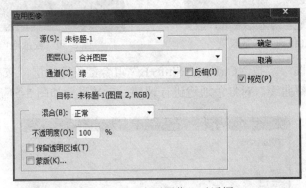

图 5-53　"应用图像"对话框

图 5-54　应用图像后的效果

小知识：应用图像。

"应用图像"命令可以将源图像的图层和通道与目标图像的图层和通道进行混合。但两个图像文件的像素尺寸必须与"应用图像"对话框中出现的图像名称相匹配。

源：在"源"下拉列表中可选择取样图像文件。

图层：在"图层"下拉列表中可选择需要进行混合的图层。

通道：在"通道"下拉列表中可选择需要进行混合的通道。

混合：在"混合"下拉列表中可设置图像的混合模式。

蒙版：勾选"蒙版"复选框，可以在该命令组中选择图层，并将其设置为蒙版，用于隐藏其所在图层中的图像区域。

（18）单击隐藏的图层前面的"▣"图标，使图层显示出来，并将图层混合模式改为"正片叠底"，图层面板设置如图 5-55 所示。

（19）把背景图层复制一层，并按"Ctrl+Shift+]"组合键将其置于最顶层，图层面板如图 5-56 所示。

图 5-55　设置图层面板

图 5-56　背景图层复制置顶

步骤 2　对照片人物进行色彩调整

（1）用钢笔工具把人物沿轮廓线抠出来，如图 5-57 所示。

（2）单击鼠标右键建立选区，按"Ctrl+J"组合键将人物复制出来，并形成新图层 6，图层面板如图 5-58 所示。

（3）对图层 6 执行【图像】→【调整】→【亮度/对比度】菜单命令，打开"亮度/对比度"对话框，参数设置如图 5-59 所示，单击"确定"按钮，完成"亮度/对比度"的设置。

（4）选择菜单栏中的【图像】→【调整】→【曲线】命令，打开"曲线"对话框，设置参数如图 5-60 至图 5-62 所示，完成对人物的色彩调整。

图 5-57　用钢笔工具抠出人物

图 5-58　复制人物图层

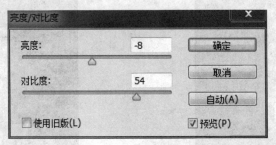

图 5-59　"亮度/对比度"对话框

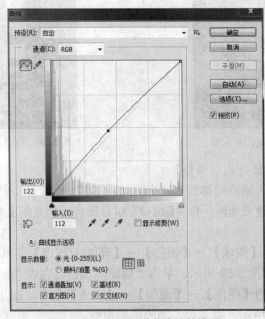

图 5-60　RGB 通道曲线调整设置

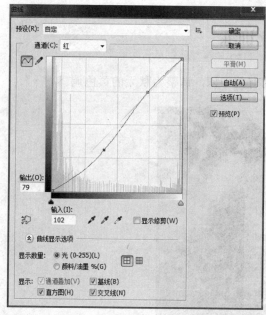

图 5-61　红色通道曲线调整设置

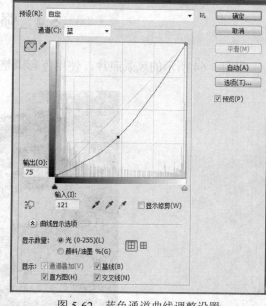

图 5-62　蓝色通道曲线调整设置

（5）选择工具箱中的"减淡工具"，把人物皮肤的高光部分涂亮一点，效果如图 5-63 所示。

（6）最后整体调整颜色和细节，完成最终效果如图 5-64 所示。

图 5-63　皮肤高光

图 5-64　完成最终效果

5.3.4　任务小结

本任务的完成主要使用了图层面板、去色、滤镜及调整图层等知识点，通过对各参数的不同设置创建不同的效果。

5.4 强化训练

将图 5-64 所示的风景照片，使用色彩调整的有关知识，调整为秋天的黄色调。

图 5-65 风景照片

项目六　蒙版和通道

通道和蒙版是 Photoshop CS6 图像处理的重要工具，也是 Photoshop CS6 极具特色的设计和图像处理工具。Photoshop CS6 中的所有颜色都是由若干个通道来表示的，通道可以保存图像中所有的颜色信息。而蒙版技术的使用则使修改图像和创建复杂的选区变得更加方便。本项目通过合成图片、处理个人写真和处理婚纱照三个代表性任务的完成，对蒙版和通道使用技巧进行学习。

通过本项目的学习，使读者具备通道和蒙版使用方面的能力。

【能力目标】

- 学会合成图像
- 掌握图像的边缘淡化效果
- 学会抠出边缘复杂的图像，如毛发等
- 学会抠出透明的图像，如婚纱、玻璃等
- 了解使用通道改变图像的色彩

6.1　任务一　合成图片

6.1.1　任务描述

公司接到一客户的任务单，要求把如图 6-1 和图 6-2 所示的两幅风景素材合成为一幅完整的风景画，效果如图 6-3 所示。项目经理要求你用 Photoshop 快速完成此任务。

图 6-1　风景素材一

图 6-2　风景素材二

图 6-3　合成效果

6.1.2　任务分析

此任务主要是将两幅图片合成一幅完整的图像，使其之间的拼合没有痕迹，这就要求使用工具操作时须柔化边缘，以达到无痕迹效果。

知识点：

1. "添加图层蒙版"命令
2. 橡皮擦工具

6.1.3　任务实施

步骤 1　合成图片

（1）启动 Photoshop CS6，打开本书素材库中的"项目六\6-1.jpg、6-2.jpg"素材文件，如图 6-4 所示。

图 6-4　打开风景素材

（2）单击工具箱中的"移动工具"，把素材 6-2 拖拽到素材 6-1 窗口中，效果如图 6-5 所示。

图 6-5　移动素材后的效果

步骤 2　柔化边缘，达到无痕迹效果

（1）在图层面板中，单击"添加图层蒙版"按钮，效果如图 6-6 所示。

图 6-6　添加图层蒙版

（2）单击"渐变工具"，在其属性栏中设置参数如图 6-7 所示，在图像中自上而下进行拖拽，效果如图 6-8 所示。

图 6-7　渐变工具属性栏

图 6-8　添加蒙版后的效果

小知识:

1) 蒙版的概念。蒙版是 Photoshop CS6 提供的一种屏蔽图像的方式,使用它可以将一部分图像区域保护起来。

2) 添加图层蒙版。在图层面板中,单击"添加图层蒙版"按钮"▢",当前图层的后面就会显示蒙版图标(背景图层不能创建蒙版),如图 6-6 所示。

当创建一个图层蒙版时,它是自动和图层中的图像链接在一起的,在图层面板中图层和蒙版之间有链接符号"🔗",此时若用移动工具在图像中移动,则图层中的图像和蒙版将同时移动。单击链接符号"🔗",符号就会消失,此时可分别选中图层图像和蒙版进行移动。

3) 删除图层蒙版。

方法 1: 选择菜单栏中的【图层】→【移去图层蒙版】命令,如果要完全删除掉蒙版,就选择子菜单中的"扔掉"命令,如果要将蒙版合并到图层上,就选择"应用"命令。

方法 2: 单击图层面板中的蒙版缩览图,然后将其拖拽到图层面板中的垃圾桶图标上,或选中蒙版缩览图后单击垃圾桶图标,在弹出的对话框中有 3 个选项:"应用"、"取消"和"删除",根据需要选择即可,如图 6-9 所示。

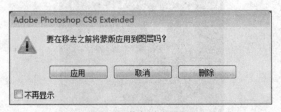

图 6-9　蒙版应用图层

(3) 选择工具箱中的"画笔工具",选择适当的画笔大小,前景色设置为默认的黑色,在图像拼接处进行涂抹,最终效果如图 6-10 所示。

图 6-10　橡皮擦修饰后的效果

（4）选择菜单栏中的【图像】→【调整】→【色相/饱和度】命令，或按"Ctrl+U"组合键，打开"色相/饱和度"对话框，各参数设置如图 6-11 所示，得到最终效果。

图 6-11　"色相/饱和度"对话框

6.1.4　任务小结

本任务将两幅素材图片合成为一幅完美的画面，主要运用了添加图层蒙版、色相/饱和度命令，蒙版主要是用来保护被屏蔽的区域，使该区域在编辑图像时不受影响，而只对被遮蔽的区域进行操作。

6.2　任务二　处理个人写真

6.2.1　任务描述

某婚纱摄影中心接到一客户的任务单，客户要求把一幅有飘逸头发的个人写真照片中的人物抠出放到另外一幅自然风景图片上，要效果自然，看不出痕迹。原图如图 6-12 所示，达到的效果如图 6-13 所示。

图 6-12 原图

图 6-13 最终效果图

6.2.2 任务分析

给人物换背景主要是把人物抠出来，把原图中的人物外轮廓做选区非常简单，但是人物飘逸的发丝用常规工具做选区难度非常大，必须借助通道来做复杂的选区，才能将人物抠出来。

知识点：

1. "多边形套索"工具
2. "通道"面板
3. "羽化"命令
4. 利用通道创建选区

6.2.3　通道的基本操作

通道是 Photoshop 中极为重要的一个功能，是处理图像时极有力的一个平台。在打开图像文件时，系统会自动创建颜色信息通道。可以新建、复制、删除通道，也可对通道进行颜色编辑等操作，从而使图像产生特殊的效果。

（1）打开本书素材库中的"项目六\6-14.jpg"素材文件，如图 6-14 所示。

图 6-14　人物素材

（2）选择菜单栏中的【窗口】→【通道】命令，可以打开通道面板，如图 6-15 所示。

图 6-15　通道面板

（3）复制通道。

方法 1：在需要复制的通道的灰色区域上右击鼠标，在弹出的快捷菜单中选择"复制通道"命令，可以对该通道进行复制，如图 6-16 所示。

图 6-16　右击鼠标进行复制

　　方法 2：拖动需要复制的通道到"创建通道"按钮"■"上，可以对该通道进行复制，如图 6-17 所示。

图 6-17　拖动通道进行复制

　　方法 3：选择需要复制的通道，单击通道面板中的快捷按钮"■"，在弹出的菜单中选择"复制通道"命令，可以对该通道进行复制，如图 6-18 所示。

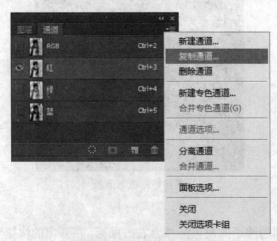

图 6-18　通道面板弹出菜单

（4）删除通道。

方法 1：在需要删除的通道的灰色区域上右击鼠标，在弹出的快捷菜单中选择"删除通道"命令，可以对该通道进行删除，如图 6-19 所示。

图 6-19　右击鼠标删除通道

方法 2：拖动需要删除的通道到"删除当前通道"按钮" "上，可以对该通道进行删除，如图 6-20 所示。

图 6-20　拖动通道进行删除

方法 3：选择需要删除通道，单击通道面板中的快捷按钮" "，在弹出的菜单中选择"删除通道"命令，可以对该通道进行删除，如图 6-21 所示。

图 6-21　通道面板弹出菜单

6.2.4　任务实施

步骤 1　编辑红色通道

（1）打开本书素材库中的"项目六\6-12.jpg"素材文件，如图 6-12 所示。

（2）打开"通道面板"，分别选中红色通道、绿色通道和蓝色通道，如图 6-22、图 6-23、图 6-24 所示。

图 6-22　红色通道　　　　　图 6-23　绿色通道　　　　　图 6-24　蓝色通道

小技巧：对各个通道进行明度的对比，选择对比比较强烈的通道复制，将为下面的操作带来方便。

（3）通过红色通道、绿色通道、蓝色通道三个通道的对比发现，红色通道中头发和背景图片的明暗对比最强烈，所以将红色通道进行复制得到红色通道副本。

（4）在红色通道副本中，选择菜单栏中的【图像】→【调整】→【反相】命令，效果如图 6-25 所示。

图 6-25　反向后的效果

（5）选择菜单栏中的【图像】→【调整】→【色阶】命令，弹出"色阶"对话框，其参数设置如图 6-26 所示，单击"确定"按钮，加强明暗对比。

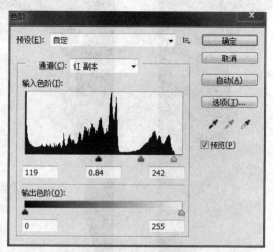

图 6-26　"色阶"对话框

（6）选择工具箱中的"多边形套索工具"按钮""，并将羽化值设置为 2 个像素，将人物外轮廓载入选区，如图 6-27 所示。

图 6-27　载入选区的效果

（7）将选区内填充为白色，其效果如图 6-28 所示。

（8）选择菜单栏中的【选择】→【反向】命令，将选区内的图像用工具箱中的画笔工具""涂成黑色，其效果如图 6-29 所示。

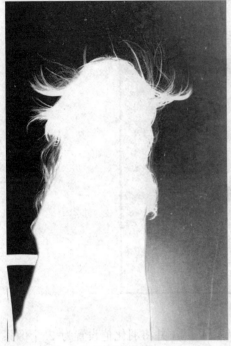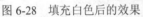

图 6-28　填充白色后的效果　　　　　　　　图 6-29　填充黑色后的效果

　　（9）在通道面板中，单击通道面板下方的"将通道做为选区载入"按钮"⊙"，白色部分被载入选区。

　　（10）在通道面板中，单击 RGB 复合通道，把人物载入选区，红色通道编辑完成。

　　步骤 2　将人物合成到风景图像中

　　（1）打开本书素材库中的"项目六\6-30.jpg"素材文件，如图 6-30 所示。

图 6-30　风景图片

　　（2）选择工具箱中的"移动工具"按钮"▸+"，将载入选区中的人物拖拽到图 6-30 中，其最终效果如图 6-13 所示。

6.2.5　任务小结

本任务主要是通过通道做选区，在通道中白色部分是载入选区的内容，黑色部分是选区外的内容，重点把握白色区域的填充面积。

6.3　任务三　处理婚纱照

6.3.1　任务描述

某婚纱摄影中心接到一客户的任务单，客户要求将原图中的婚纱人物抠出来放在另外一张灰色背景图片上，并且保持婚纱的透明部分。原图如图 6-31 所示，最终效果图如图 6-32 所示。项目经理要求你快速地完成该任务。

图 6-31　原图

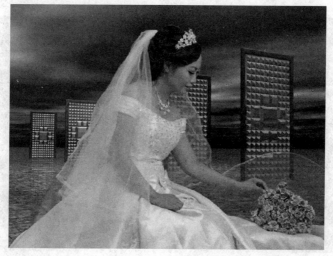

图 6-32　最终效果图

6.3.2 任务分析

此任务中人物和背景的颜色反差比较大，用常规的方法就能将人物抠出来，重点在于婚纱的透明部分，必须要用通道做出透明的感觉，才能达到预期的效果。

知识点：

1. 加强"通道"知识
2. 利用通道创建选区

6.3.3 任务实施

步骤 1　将人物载入选区

（1）打开本书素材库中的"项目六\6-31.jpg"素材文件，如图 6-31 所示。

（2）打开通道面板，分别选中红色通道、绿色通道和蓝色通道，如图 6-33 至图 6-35 所示。

图 6-33　红色通道

图 6-34　绿色通道

图 6-35　蓝色通道

（3）通过红色通道、绿色通道、蓝色通道三个通道的对比发现，绿色通道中人物轮廓与背景的黑白对比最强烈，所以将绿色通道进行复制得到绿色通道副本。

（4）在绿色副本通道中，选择菜单栏中的【图像】→【调整】→【色阶】命令，弹出"色阶"对话框，其参数设置如图 6-36 所示，单击"确定"按钮，完成绿色副本通道的色阶调整。

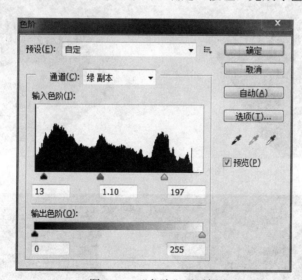

图 6-36　"色阶"对话框

小提示：重点把握透明婚纱部分的灰度要适中。

（5）选择工具箱中的磁性套索工具"□"，并将羽化值设置为 2 个像素，拖动鼠标将人物外轮廓载入选区，效果如图 6-37 所示。

（6）选择菜单栏中的【选择】→【反向】命令，将选区内用画笔工具"□"涂成黑色。

（7）选择菜单栏中的【选择】→【反向】命令，在工具箱中选择多边形套索工具"□"，并在属性栏中设置属性为"从选区减去"，其效果如图 6-38 所示。

（8）选择工具箱中的画笔工具"□"，将选区内涂成白色，效果如图 6-39 所示。

图 6-37　填充白色后的效果

图 6-38　修改后的选区效果

图 6-39　选区内填充白色后的效果

（9）在通道面板中，单击通道面板下方的"将通道做为选区"按钮"⊙"，白色部分被载入选区。

（10）在通道面板中，单击 RGB 复合通道，把人物载入选区，绿色通道编辑完成。

步骤 2　将人物合成到要求的灰色背景中

（1）打开本书素材库中的"项目六\6-40.jpg"素材文件，如图 6-40 所示。

图 6-40　背景图片

（2）选择工具箱中的移动工具"⊕"，将载入选区中的人物拖拽到图 6-40 中，其效果如图 6-41 所示。

图 6-41　人物拖拽后的效果

（3）由于人物图片颜色和背景图片不和谐，所以选择菜单栏中的【图像】→【调整】→【色相饱和度】命令，打开"色相/饱和度"对话框，以调整色彩，其参数设置如图 6-42 所示，完成最终效果如图 6-32 所示。

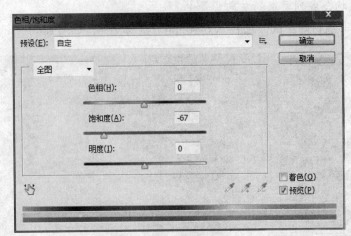

图 6-42　"色相/饱和度"对话框

6.3.4　任务小结

本任务主要是通过通道做选区，在通道中颜色分为黑、白、灰三个层次，其中白色区域是完全载入选区的内容，黑色区域完全在选区以外，难把握的部分是透明区域，其灰度设置要适中。

6.4　强化训练

1．打开本书素材库中的"项目六\6-43.jpg"素材文件，如图 6-43 所示。根据本项目所掌握的重点知识，抠出婚纱照中的人物并放置到任意一张背景图片上。

图 6-43　人物婚纱图片

2. 打开本书素材库中的"项目六\6-44.jpg"素材文件，如图 6-44 所示。利用通道把图中繁密的树枝抠选出来，放置到任意一张背景图片上。

图 6-44　风景图片

项目七 滤镜应用

滤镜是 Photoshop CS6 中重要的图像表现工具，是特色工具之一。图像处理中各种光怪陆离、千变万化的特殊效果，都可以通过滤镜来实现。本项目通过制作绚丽背景、制作节日烟花和制作水墨画三个具有代表性任务的完成，使读者加深对滤镜知识的学习与掌握。

【能力目标】
● 能了解不同滤镜的使用效果
● 能熟练掌握滤镜的使用方法
● 能运用滤镜打造漂亮的光影效果

7.1 任务一 制作绚丽背景

7.1.1 任务描述

某客户要求运用 Photoshop CS6 中的各种滤镜效果，制作一绚丽背景图，最终效果如图 7-1 所示，项目经理要求你快速完成此任务。

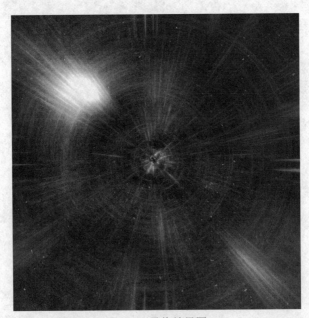

图 7-1 最终效果图

7.1.2 任务分析

完成此任务，需要运用滤镜菜单下的各种命令对图像进行效果处理，得到最终效果。

知识点：

1. "云彩"和"分层云彩"命令

2. "铜板雕刻"命令

3. "径向模糊"和"高斯模糊"命令

7.1.3　任务实施

步骤 1　制作云彩效果

（1）启动 Photoshop CS6，打开"新建"对话框，新建一"绚丽背景"图形文件，参数设置如图 7-2 所示。

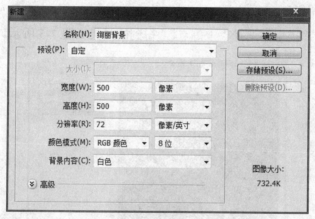

图 7-2　新建文件

（2）使用默认前景色和背景色，选择菜单栏中的【滤镜】→【渲染】→【云彩】命令。

（3）然后再选择菜单栏中的【滤镜】→【渲染】→【分层云彩】命令，得到如图 7-3 所示的效果。

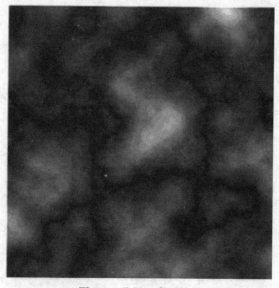

图 7-3　分层云彩后效果

小知识：渲染滤镜。

渲染滤镜能使图像产生三维造型效果或光线照射效果。

1）云彩。

该滤镜是唯一能在空白透明层上工作的滤镜。它不使用图像现有像素进行计算，而是使用前景色和背景色计算。使用云彩滤镜可以制作出天空、云彩、烟雾等效果。

2）分层云彩。

该滤镜可以使前景色和背景色对图像中的原有像素进行差异运算，产生的图像与云彩背景混合并反白，最终产生朦胧的效果。

步骤 2 制作铜板雕刻效果

选择菜单栏中的【滤镜】→【像素化】→【铜板雕刻】命令，打开"铜版雕刻"对话框，如图 7-4 所示，其中"类型"选择"中等点"，得到的效果如图 7-5 所示。

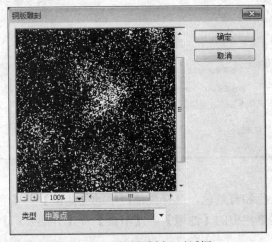

图 7-4 "铜板雕刻"对话框

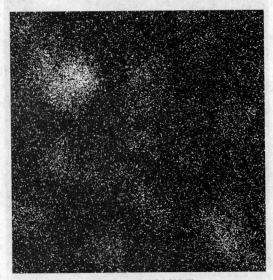

图 7-5 铜板雕刻效果

小知识：像素化滤镜。

1）像素化滤镜主要用于不同程度地将图像进行分块处理，使图像分解成肉眼可见的像素颗粒，如方形、不规则多边形和点状等，视觉上看就是图像被转换成由不同色块组成的图像。

2）铜版雕刻：该滤镜能够使指定的点、线条和笔画重画图像，产生版刻画的效果，也能模拟出金属版画的效果。正因为如此，它还被称为"金属版画"滤镜。"铜版雕刻"对话框如图7-4所示。该对话框的"类型"下拉列表中包括以下多种选项。

精细点：由小方块构成的，方块的颜色根据图像颜色而定，具有随机性。

中等点：由小方块构成的，但是没有那么精细。

粒状点：由小方块构成的，但是由于颜色的不同所以产生粒状点。

粗网点：执行完粗网点，图像表面会变得很粗糙。

短线：纹理由水平的线条构成。

中长直线：纹理由水平的线条构成，但是线长稍长一些。

长线：纹理由水平的线条构成，但是线长会更长一些。

短描边：水平的线条会变得稍短一些，不规则。

中长描边：水平的线条会变稍长一些。

长边：水平的线条会变得更长一些。

步骤3　制作模糊效果

（1）在图层面板中，将背景图层复制得到背景副本图层，选择菜单栏中的【滤镜】→【模糊】→【径向模糊】命令，参数设置如图7-6所示，单击"确定"按钮，得到效果如图7-7所示。

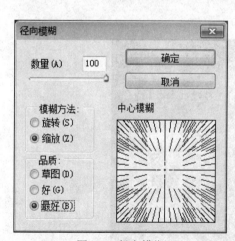

图7-6　径向模糊

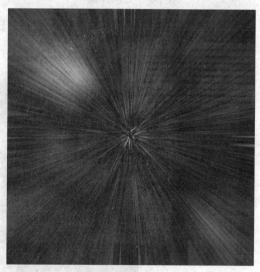

图7-7　径向模糊效果

小知识：径向模糊。

该滤镜可以产生具有辐射性模糊的效果，即模拟相机前后移动或旋转产生的模糊效果。

1）模糊方法。

旋转：使当前图像产生中心旋转式的模糊效果，模仿漩涡的效果。

缩放：使当前图像产生缩放的模糊效果，可以产生人物动感的效果。

2）品质。

草图：模糊的效果一般。

好：模糊的效果较好。

最好：模糊的效果特别得好。

（2）选择"背景图层"为当前图层，选择菜单栏中的【滤镜】→【模糊】→【径向模糊】命令，打开"径向模糊"对话框，参数设置如图 7-8 所示，得到的图像效果如图 7-9 所示。

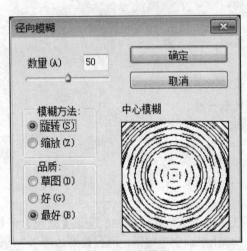

图 7-8　径向模糊

图 7-9　径向模糊效果

（3）在图层面板中，选中"背景副本"图层，将图层混合模式设置为"变亮"，得到如图 7-10 所示效果。

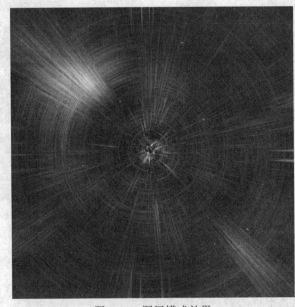

图 7-10　图层模式效果

（4）在图层面板中，将"背景副本"图层复制得到"背景副本 2"图层，选择菜单栏中的【滤镜】→【模糊】→【高斯模糊】命令，打开"高斯模糊"对话框，如图 7-11 所示。在对话框中设置模糊半径为"7.8"，单击"确定"按钮，得到效果如图 7-12 所示。

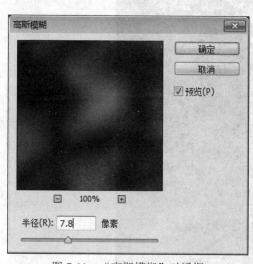
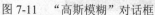

图 7-11　"高斯模糊"对话框

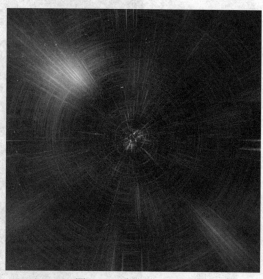

图 7-12　高斯模糊效果

小知识：高斯模糊。

该滤镜可根据数值快速地模糊图像，产生很好的朦胧效果。

选择菜单栏中的【滤镜】→【模糊】→【高斯模糊】命令，打开"高斯模糊"对话框，如图 7-11 所示。拖动对话框底部的滑块可以对当前图像模糊的程度进行调整，还可以直接在"半径"文本框中输入数值进行调整。

（5）将图层混合模式设为"颜色减淡"，得到效果如图 7-13 所示。

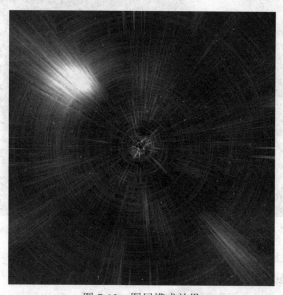

图 7-13　图层模式效果

145

（6）将所有图层合并，然后复制合并后的图层，选择【滤镜】→【模糊】→【高斯模糊】命令，在打开的对话框中设置模糊半径为"2.1"，单击"确定"按钮，得到效果如图 7-14 所示。

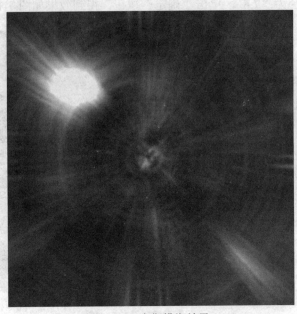

图 7-14　高斯模糊效果

（7）将图层混合模式改为"变亮"，得到效果如图 7-15 所示。

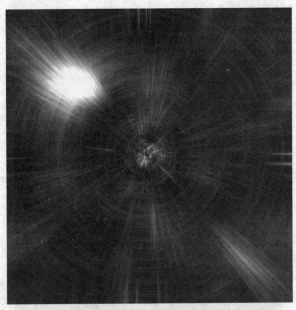

图 7-15　图层模式效果

步骤 4　添加彩色效果

（1）在图层面板底部选择建立调整图层" ⊘ "按钮，如图 7-16 所示。在弹出快捷菜单中选择"色相/饱和度"命令，图层面板改变为图 7-17 所示的调整图层。

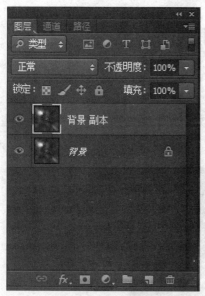

图7-16　建立调整层

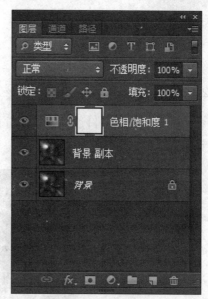

图7-17　图层面板

（2）在弹出的"色相饱和度"对话框中设置参数如图7-18所示。

（3）得到最终效果图，如图7-19所示。

图7-18　色相/饱和度

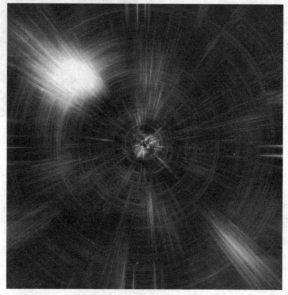

图7-19　最终效果图

7.1.4　任务小结

本任务系统地讲解了"滤镜"菜单下的"云彩"、"分层云彩"、"铜板雕刻"、"径向模糊"和"高斯模糊"等命令对图像效果的调整方法，还讲解了建立调整图层以及对图像进行色彩调整的方法和技巧。通过本任务的制作，使读者能够熟练地掌握和应用滤镜效果。

7.2 任务二 制作节日烟花

7.2.1 任务描述

某客户要求制作一节日烟花效果的宣传海报，效果如图 7-20 所示。项目经理希望你能快速地设计完成。

图 7-20 最终效果图

7.2.2 任务分析

完成此任务，首先新建文件，填充渐变背景，绘制烟花图形，最后对图像进行调整得到最终效果。

知识点：

1. "极坐标" 命令的应用

2. "风" 命令的应用

7.2.3 任务实施

步骤 1 制作烟花效果

（1）启动 Photoshop CS6，打开 "新建" 对话框，建立 "节日烟花效果" 图形文件，参数设置如图 7-21 所示。

（2）选择工具箱中的 "渐变工具"，在其属性栏中单击 "渐变编辑器"，打开 "渐变编辑器" 对话框，颜色设置如图 7-22 所示。

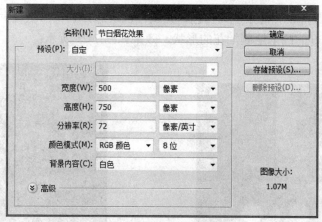

图 7-21　"新建"对话框

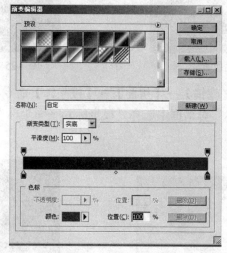

图 7-22　渐变编辑器

（3）按住"Shift"键，用鼠标从上往下拖动，填充效果如图 7-23 所示。

图 7-23　渐变填充

（4）新建图层 1，设置前景色为白色，在属性栏中选择画笔形状及大小如图 7-24 所示。

（5）使用定义好的画笔绘制烟花的形状，效果如图 7-25 所示。

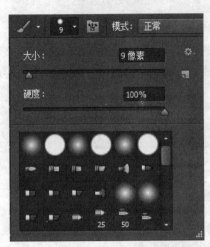

图 7-24　画笔设置

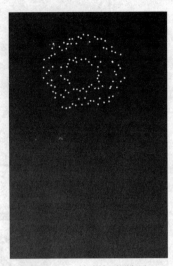

图 7-25　绘制烟花效果

（6）选择菜单栏中的【滤镜】→【扭曲】→【极坐标】命令，打开"极坐标"对话框，如图 7-26 所示。在"极坐标"对话框中选择"极坐标到平面坐标"，单击"好"按钮，得到效果如图 7-27 所示。

图 7-26　"极坐标"对话框

图 7-27　极坐标效果

小知识：极坐标。

该滤镜的工作原理是重新绘制图像中的像素，使它们从直角坐标系转换成极坐标系，或者从极坐标系转换到直角坐标系。

选择菜单栏中的【滤镜】→【扭曲】→【极坐标】命令，打开"极坐标"对话框，如图 7-26 所示。在该对话框中选择"平面坐标到极坐标"单选按钮，使图像以中间位置为中心点进行极坐标旋转；选择"极坐标到平面坐标"，则使图像以底部位置为中心进行旋转。

（7）选择菜单栏中的【图像】→【旋转画布】→【90度（顺时针）】命令，得到如图7-28所示效果。

图 7-28　旋转画布效果

（8）选择菜单栏中的【滤镜】→【风格化】→【风（从左）】命令，打开"风"对话框，如图7-29所示，单击"好"按钮。得到效果如图7-30所示。根据图像效果可多执行几次。

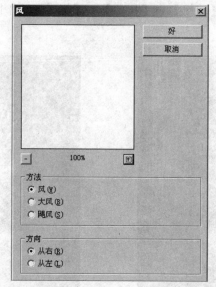

图 7-29　"风"对话框

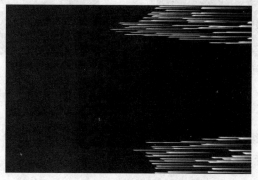

图 7-30　风效果

小知识：风。

该滤镜在图像中创建水平线以模拟风的动感效果，它是制作纹理或为文字添加阴影效果时常用的滤镜工具。

在菜单栏中选择【滤镜】→【风格化】→【风（从左）】命令，打开"风"对话框，如图 7-29 所示，在"风"对话框中可以完成以下设置。

1）方法。

风：勾选此单选按钮，产生一般风的效果。

大风：勾选此单选按钮，产生强风的效果。

飓风：勾选此单选按钮，产生飓风的效果，一般情况不勾选此选项。

2）方向。

从右：调整风的方向从右往左吹。

从左：调整风的方向从左往右吹。

（9）选择菜单栏中的【图像】→【旋转画布】→【90 度（逆时针）】命令，效果如图 7-31 所示。

（10）选择菜单栏中的【滤镜】→【扭曲】→【极坐标（平面坐标到极坐标）】命令，产生如图 7-32 所示效果。

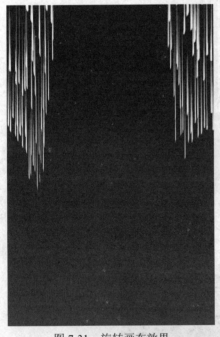

图 7-31　旋转画布效果

图 7-32　极坐标效果

（11）给图层添加"图层样式"中的"外发光"效果。参数设置如图 7-33 所示，得到效果如图 7-34 所示。

（12）按"Ctrl+J"组合键三次，复制出三个图层 1 副本，并分别对每个图层的图形进行自由变换，设置"外发光"效果，效果如图 7-35 所示。

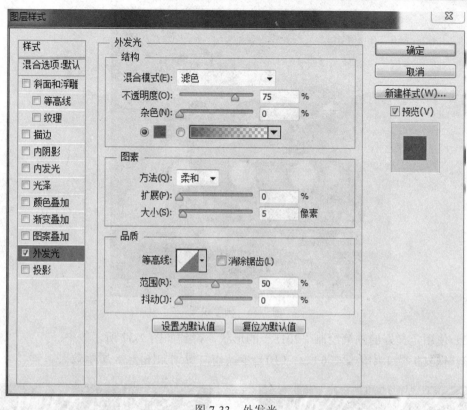

图 7-33 外发光

图 7-34 外发光效果

图 7-35 发光效果

步骤 2 制作"2015"文字效果

（1）新建图层 2，设置前景色为白色，在属性栏中选择画笔形状及大小如图 7-36 所示。

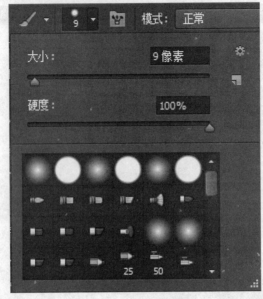

图 7-36 画笔设置

（2）使用定义好的画笔绘制"2015"的形状，得到如图 7-37 所示效果。

（3）重复步骤 1 中的第（6）～（10）步操作，得到如图 7-38 所示效果。

图 7-37 绘制效果

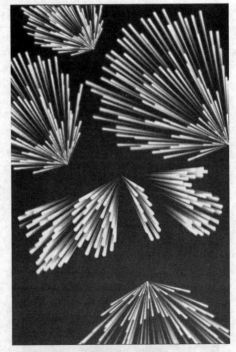

图 7-38 发光效果

步骤 3 制作彩色效果

（1）选择"图层样式"中的"渐变叠加"命令，参数设置如图 7-39 所示。

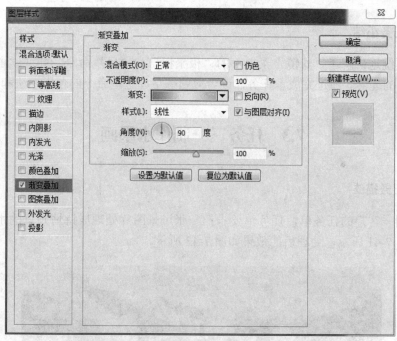

图 7-39　渐变叠加

（2）单击"确定"按钮，得到最终效果如图 7-40 所示。

图 7-40　最终效果图

7.2.4 任务小结

本任务系统地讲解了"滤镜"菜单下的"极坐标"和"风"命令，并使读者对"图层样式"有了更深的理解。通过完成本任务，读者应熟练掌握这些命令的使用方法和技巧。

7.3 任务三 制作水墨画

7.3.1 任务描述

公司接到一客户的任务单，任务单要求把一张风景图片处理成诗情画意的水墨画效果，原风景图如图 7-41 所示，处理后的效果如图 7-42 所示。

图 7-41 风景图片

图 7-42 最终效果图

7.3.2 任务分析

完成此任务，打开原始图片后，首先要对其进行去色，使其变为黑白效果，然后调整"亮度/对比度"，增强图像的明暗程度，最后进行模糊、添加杂色等处理，达到最终效果。

知识点：

1. "曲线"、"亮度/对比度"和"去色"命令
2. "特殊模糊"、"杂色"和"风格化"命令
3. "叠加"和"正片叠底"命令

7.3.3 任务实施

步骤 1 去色

（1）启动 Photoshop CS6，打开本书素材库中的"项目七\图 7-43.jpg"素材文件，如图 7-43 所示。

图 7-43 风景图片

（2）在图层面板中，连续按"Ctrl+J"组合键三次，复制 3 个图层，如图 7-44 所示。

图 7-44 复制图层

（3）选中图层 1，选择菜单栏中的【图像】→【调整】→【去色】命令，效果如图 7-45 所示。

图 7-45　去色效果

步骤 2　对图像进行特殊模糊效果

（1）选择菜单栏中的【图像】→【调整】→【亮度/对比度】命令，打开"亮度/对比度"对话框，如图 7-46 所示，并按图示进行参数设置，单击"确定"按钮，得到效果如图 7-47 所示。

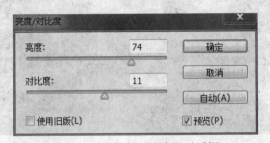

图 7-46　"亮度/对比度"对话框

图 7-47　调整亮度/对比度效果

（2）选择菜单栏中的【滤镜】→【模糊】→【特殊模糊】命令，打开"特殊模糊"对话框，如图 7-48 所示，并按图示进行参数设置，单击"确定"按钮，得到效果如图 7-49 所示。

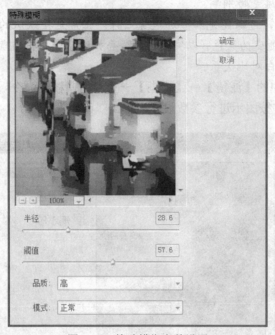

图 7-48　特殊模糊参数设置

图 7-49　特殊模糊效果

小知识： 特殊模糊。

1）特殊模糊滤镜能找出图像的边缘并对边界线以内的区域进行模糊处理。它的优点是在模糊图像的同时仍使图像具有清晰的边界，有助于去除图像色调中的颗粒、杂色。

2）选择菜单栏中的【滤镜】→【模糊】→【特殊模糊】命令，打开"特殊模糊"对话框，如图 7-48 所示，该对话框中各选项意义如下。

半径：以半径值进行模糊。半径越大，模糊效果越强。

阈值：调整当前图像的模糊范围。阈值越大，模糊范围越大。

品质：品质有低、中、高三个选项。低是指模糊的质量稍低一些；中是指模糊的质量为中间值；高是指模糊的质量特别高。

模式：模式有正常、边缘优先和叠加边缘三种。正常是指默认的模糊模式；边缘优先是指只保留图像边界，其他变为黑色，以突出边缘；叠加边缘是指把当前图像一些纹理的边缘变为白色，突出图像的黑白对比关系。

（3）选择菜单栏中的【滤镜】→【模糊】→【高斯模糊】命令，打开"高斯模糊"对话框，如图 7-50 所示，并按图示进行参数设置，单击"确定"按钮。

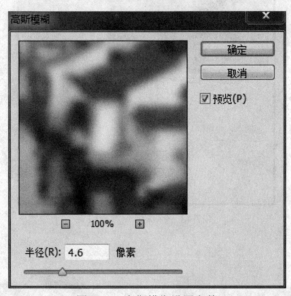

图 7-50　高斯模糊设置参数

（4）选择菜单栏中的【滤镜】→【杂色】→【中间值】命令，打开"中间值"对话框，如图 7-51 所示，并按图示进行参数设置，单击"确定"按钮，得到效果如图 7-52 所示。

图 7-51　"中间值"对话框

图 7-52　中间值效果

小知识：杂色滤镜。

1）杂色滤镜可以给图像添加一些随机产生的干扰颗粒，也就是杂色点（又称为"噪声"），也可以淡化图像中某些干扰颗粒的影响。

2）选择菜单栏中的【滤镜】→【杂色】命令，打开"杂色"滤镜级联菜单，如图 7-53 所示。

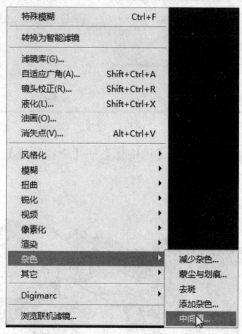

图 7-53　"杂色"滤镜菜单

3）"杂色"滤镜有减少杂色、蒙尘与划痕、去斑、添加杂色和中间值五种，其中"中间值"滤镜也是一种用于去除杂色点的滤镜，可以减少图像中杂色的干扰。通过拖动对话框底部的滑块或直接输入数值进行设置。数值越大，图像变得越模糊，越柔和。

（5）选中"图层 1 副本"图层，选择菜单栏中的【图像】→【调整】→【去色】命令，效果如图 7-54 所示。

图 7-54　去色效果

（6）选择菜单栏中的【图像】→【调整】→【亮度/对比度】命令，打开"亮度/对比度"对话框，如图 7-55 所示，并按图示设置参数，单击"确定"按钮。

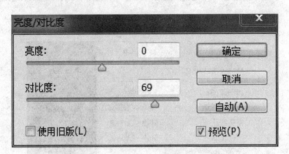

图 7-55　"亮度/对比度"对话框

（7）选择菜单栏中的【滤镜】→【风格化】→【查找边缘】命令，得到效果如图 7-56所示。

图 7-56　查找边缘效果

小知识：风格化滤镜。

1）"风格化"滤镜是通过置换像素和通过查找并增加图像的对比度，在选区中生成绘画或印象派的效果。它是完全模拟真实艺术手法进行创作的。

2）选择菜单栏中的【滤镜】→【风格化】命令，打开"风格化"滤镜级联菜单，如图 7-57 所示。

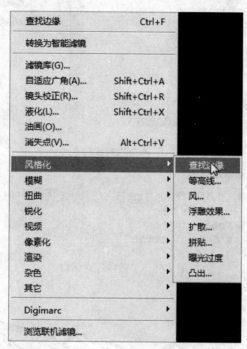

图 7-57　"风格化"滤镜菜单

3）"风格化"滤镜有查找边缘、等高线、风、浮雕效果、扩散、拼贴、曝光过度、凸出八种。各种滤镜意义如下。

查找边缘：用于标识图像中有明显过渡的区域并强调边缘。与"等高线"滤镜一样，"查找边缘"在白色背景上用深色线条勾画图像的边缘，并对于在图像周围创建边框非常有用。

等高线：用于查找主要亮度区域的过渡，并对于每个颜色通道用细线勾画它们，得到与等高线图中的线相似的结果。

风：风用于在图像中创建细小的水平线以及模拟刮风的效果（具有风、大风、飓风等功能）。

浮雕效果：通过将选区的填充色转换为灰色，并用原填充色描画边缘，从而使选区显得凸起或压低。

扩散：根据选中的选项搅乱选区中的像素，使选区显得不十分聚焦，有一种溶解一样的扩散效果，对象是字体时，该效果呈现在边缘。

拼贴：将图像分解为一系列拼贴（像瓷砖方块）并使每个方块上都含有部分图像。

曝光过度：混合正片和负片图象，与在冲洗过程中将照片简单地曝光以加亮相似。

凸出：可以将图像转化为三维立方体或锥体，以此来改变图像或生成特殊的三维背景效果。

（8）选择菜单栏中的【图像】→【调整】→【曲线】命令，打开"曲线"对话框，如图 7-58 所示，并按图示设置参数，单击"确定"按钮，得到效果如图 7-59 所示。

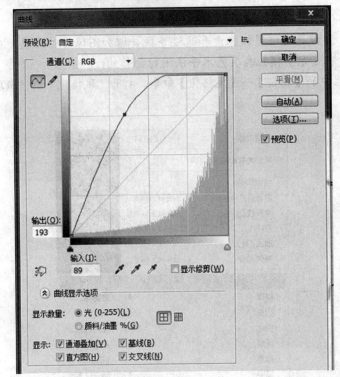

图 7-58　"曲线"对话框

图 7-59　曲线效果

（9）选择菜单栏中的【滤镜】→【模糊】→【高斯模糊】命令，打开"高斯模糊"对话框，如图 7-60 所示，并按图示设置参数，单击"确定"按钮。

（10）将图层面板中的"模式"改为"正片叠底"，得到效果如图 7-61 所示。

（11）选中"图层 1 副本 2"层，选择菜单栏中的【图像】→【调整】→【去色】命令，得到效果如图 7-62 所示。

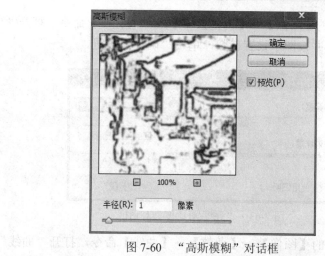

图 7-60　"高斯模糊"对话框

图 7-61　图层模式效果

图 7-62　去色效果

（12）选择菜单栏中的【图像】→【调整】→【亮度/对比度】命令，打开"亮度/对比度"对话框，如图 7-63 所示，并按图示设置参数，单击"确定"按钮。

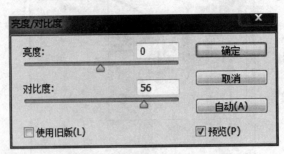

图 7-63　"亮度/对比度"对话框

（13）选择菜单栏中的【图像】→【调整】→【曲线】命令，打开"曲线"对话框，如图 7-64 所示，并按图示设置参数，单击"确定"按钮。

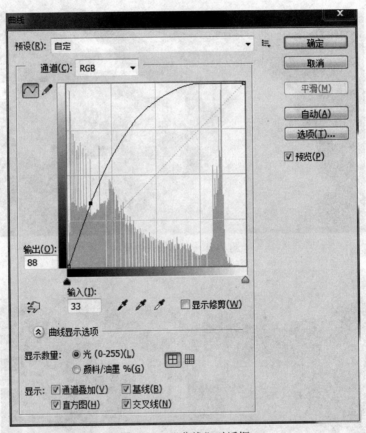

图 7-64　"曲线"对话框

（14）选择菜单栏中的【滤镜】→【模糊】→【特殊模糊】命令，打开"特殊模糊"对话框，如图 7-65 所示，并按图示设置参数，单击"确定"按钮，效果如图 7-66 所示。

（15）选择菜单栏中的【滤镜】→【模糊】→【高斯模糊】命令，打开"高斯模糊"对话框，如图 7-67 所示，并按图示设置参数，单击"确定"按钮。

图 7-65　"特殊模糊"对话框

图 7-66　特殊模糊效果

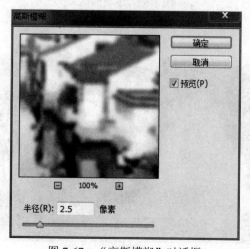

图 7-67　"高斯模糊"对话框

（16）将"图层 1 副本 2"的图层模式改为"叠加"，得到效果如图 7-68 所示。

图 7-68 叠加后效果

（17）交换"图层 1 副本"和"图层 1 副本 2"层的位置，如图 7-69 所示，效果如图 7-70 所示。

图 7-69 图层面板

图 7-70 交换图层效果

（18）运用前面所学的图像修饰命令，对图像稍加修饰，得到最终水墨画效果，如图 7-71 所示。

图 7-71　最终效果图

7.3.4　任务小结

本任务系统地讲解了"滤镜"菜单下的"模糊"、"杂色"和"风格化"等滤镜命令，并结合"图像"菜单下的"调整"中的"去色"、"曲线"和"亮度/对比度"等命令和图层模式的综合运用，对图像进行编辑处理，最终得到富有诗情画意的水墨画效果。

7.4　强化训练

1. 制作如图 7-72 所示的绚丽背景

小提示：应用【滤镜】→【渲染】→【分层云彩】、【滤镜】→【风格化】→【风】、【滤镜】→【锐化】→【智能锐化】、【图像】→【调整】→【色彩平衡】等命令，得到最终效果。

图 7-72　绚丽背景

2. 制作如图 7-73 所示的发光文字

小提示：输入文字并栅格化，应用【滤镜】→【扭曲】→【极坐标】、【滤镜】→【风格化】→【风】、【图像】→【调整】→【色彩平衡】等命令，得到最终效果。

图 7-73　发光文字

3. 制作水墨画效果。

小提示：根据所学知识，把图 7-74 打造成如图 7-75 所示的水墨画效果（实例素材在教材配套素材库）。

图 7-74　风景图片

图 7-75　最终效果

项目八　综合实例制作

本项目主要运用 Photoshop CS6 完成《红楼梦》书籍封面设计、糖果包装设计、POP 广告设计、网站封面设计、照片改色这五个具有代表性的实际工作任务，以提高软件的综合应用水平和艺术审美能力。

【能力目标】

● 综合运用各种工具制作完成实际工作任务

8.1　任务一　《红楼梦》书籍封面设计

8.1.1　任务描述

某艺术设计工作室接到某出版社的任务单，为即将出版的一套古典名著《红楼梦》书籍设计封面，出版社提供相关素材资料，要求立体效果如图 8-1 所示，平面效果如图 8-2 所示。请你快速地完成设计工作。

图 8-1　立体效果图

图 8-2　平面效果图

8.1.2　任务分析

对古典名著设计封面，要求在形式上融入中国传统文化，色彩上要古朴、大方。该任务可以运用 Photoshop CS6 的常用工具和特殊效果来完成。

知识点：

1. 图像编辑
2. 滤镜
3. 蒙版
4. 图层样式
5. 画笔工具
6. 文字工具

8.1.3　任务实施

步骤 1　书籍正面制作

（1）按图 8-3 所示的参数，新建"《红楼梦》封面设计"图形文件。

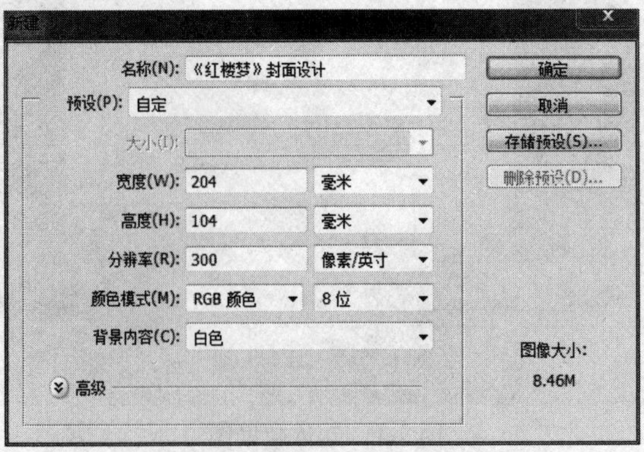

图 8-3　新建图像文件

（2）按"Ctrl+R"组合键显示标尺，选择工具箱中的移动工具，在标尺边缘拖出辅助线，如图 8-4 所示。

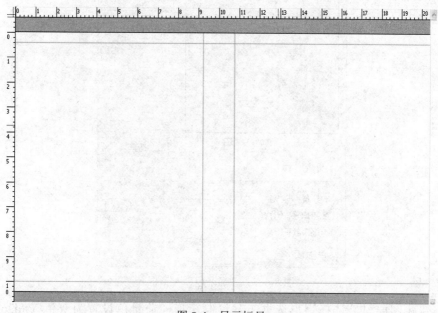

图 8-4 显示标尺

（3）把前景色设置为土黄色（#e5d7bc），按"Alt+Delete"组合键填充颜色，效果如图 8-5 所示。

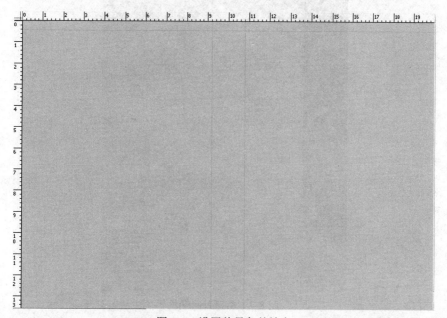

图 8-5 设置前景色并填充

（4）选择菜单栏中的【滤镜】→【杂色】→【添加杂色】命令，弹出"添色杂色"对话框，如图 8-6 所示，并按图示设置参数，单击"确定"按钮。

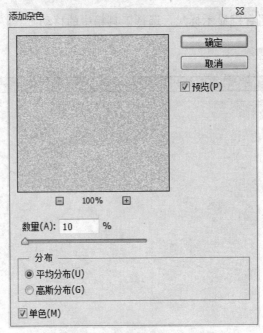

图 8-6   "添加杂色"对话框

（5）新建图层 1，选择矩形选框工具绘制矩形，前景色设置为灰色（#d2c7b2），按
"Alt+Delete"组合键填充颜色，再按"Ctrl+D"组合键取消选区，效果如图 8-7 所示。

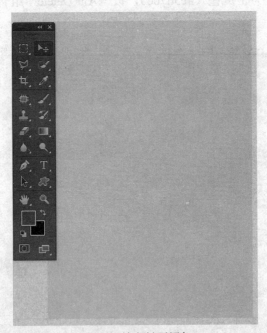

图 8-7   填充封面颜色

（6）选择菜单栏中的【文件】→【置入】命令，打开本书素材库中的"项目八\封面设计
01.jpg"素材文件，自动生成"封面设计 01"图层，效果如图 8-8 所示。调整大小和位置，按
"Enter"键。选择菜单栏中的【图层】→【栅格化】→【图层】命令，效果如图 8-9 所示。

图 8-8　置入图片

图 8-9　不透明度设置效果

（7）在"图层面板"上把"封面设计 01"图层的"不透明度"设置为"50%"，如图 8-10 所示。

（8）选中"封面设计 01.jpg"图层，单击图层面板下方的"添加图层蒙版"按钮，为图层添加图层蒙版。

（9）选择渐变工具，在属性栏上选择"黑，白渐变"样式和"线性渐变"，然后在页面拖拽渐变，效果如图 8-10 所示。

图 8-10　添加图层蒙版

　　（10）打开本书素材库中的"项目八\林黛玉.jpg"素材文件，并拖拽到当前文件，调好位置。

　　（11）选择"椭圆选框工具"，在属性栏中调节羽化值为"10px"，在林黛玉图片中框选合适的人物范围，按"Shift+Ctrl+I"组合键反向选区，按"Delete"键，将图层的不透明度设置为"70%"，得到效果如图 8-11 所示。

图 8-11　删除人物多余背景

　　（12）选择菜单栏中的【文件】→【置入】命令，打开本书素材库中的"项目八\封面设计 02.jpg"素材文件，自动生成"封面设计 02"图层，调整大小和位置，按"Enter"键。

　　（13）选择菜单栏中的【图层】→【栅格化】→【图层】命令，在图层面板上把"封面设计 02.jpg"图层的混合模式设置为"正常"，不透明度为"60%"，得到效果如图 8-12 所示。

图 8-12　不透明度设置

　　（14）选择菜单栏中的【文件】→【置入】命令，打开本书素材库中的"项目八\纹样.png"素材文件，调好位置，按"Enter"键。

　　（15）选择菜单栏中的【图层】→【栅格化】→【图层】命令，把图片添加图层样式"描边"，描边值为"1px"，颜色设置为"黄色"，得到效果如图 8-13 所示。

　　（16）选择矩形选框工具，在页面的"纹样.png"图层画出同一大小矩形，选择菜单栏中的【文件】→【编辑】→【描边】命令，弹出"描边"对话框，设置宽度为"20px"，颜色设置为灰色，单击"确定"按钮，效果如图 8-14 所示。

图 8-13　置入纹样

图 8-14　设置描边

（17）选择"直排文字工具"，输入"红楼梦"，设置字体为"隶书"，大小为"24 点"，颜色为"白色"。

（18）右键单击文字图层，选择右键菜单中的"混合选项"，弹出"图层样式"对话框，勾选"投影"选项，设置混合模式为"正片叠底"，阴影的颜色设置为"红色"，不透明度为"100%"，角度为"120"度，勾选"全局光"，距离为"8 像素"，扩展为"0%"，大小为"18 像素"，得到效果如图 8-15 所示。

图 8-15 添加字体效果

（19）选择"直排文字工具"，输入"又名/石头记"，设置字体为"隶书"，大小为"10"点，颜色为"黑色"，得到效果如图 8-16 所示。

图 8-16 编辑字体

（20）选择"直排文字工具"，输入"作者/曹雪芹/高鹗"，设置字体为"隶书"，大小为"8"点，颜色为"黑色"，得到效果如图 8-17 所示。

（21）选择"横排文字"工具，输入"中国古典文学丛书"，设置字体为"宋书"，大小为"9"点，颜色为"黑色"，得到效果如图 8-18 所示。

图 8-17　编辑字体

图 8-18　编辑字体

（22）选择"横排文字工具"，输入"中国水利水电出版社"，设置字体为"华文行楷"，大小为"10"点，颜色为"黑色"，得到效果如图 8-19 所示。

图 8-19　编辑字体

步骤 2　书籍书脊制作

（1）在封面上选中书名和素材边框，按住"Alt"键进行复制，并将复制出的副本移动到书脊上。

（2）选择菜单栏中的【编辑】→【自由变换】命令，调整大小，得到效果如图 8-20 所示。

（3）选择"直排文字工具"，在书脊上输入"作者/曹雪芹/高鹗"，设置字体为"隶书"，大小为"8"点，颜色为"黑色"，得到效果如图 8-21 所示。

图 8-20　复制图像和字体

图 8-21　编辑字体

（4）选择"直排文字工具"，输入"广东文艺出版社"，设置字体为"华文行楷"，大小为"10"点，颜色为"黑色"，效果如图 8-22 所示，得到书脊整体效果如图 8-23 所示。

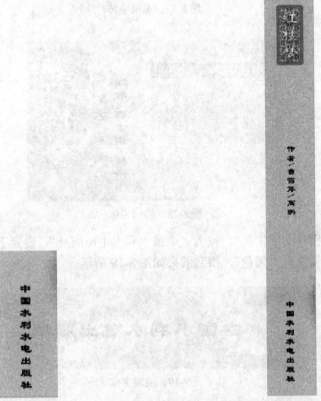

图 8-22　编辑字体　　　　　　　　　　　　图 8-23　书脊上的整体效果

步骤 3　书籍背面制作

（1）选中"封面设计 02"图层，单击图层面板下方的"添加图层蒙版"按钮，添加图层蒙版。

（2）选择工具箱中的渐变工具，在属性栏上选择"黑，白渐变"样式和"线性渐变"，然后在页面拖拽完成渐变，设置图层不透明度为"50%"，如图 8-24 所示，效果如图 8-25 所示。

图 8-24　添加图层蒙版

图 8-25　添加图层蒙版效果

（3）新建图层 2，选择"矩形选框工具"，在页面底部画出矩形，前景色设置为"白色"，按"Alt+Delete"组合键填充白色，再按"Ctrl+D"组合键取消选区，得到效果如图 8-26 所示。

图 8-26　绘制矩形

（4）新建图层 3，选择"铅笔工具"，结合左右中括号键设置不同笔尖大小，按"Shift"键画出垂直线，效果如图 8-27 所示。

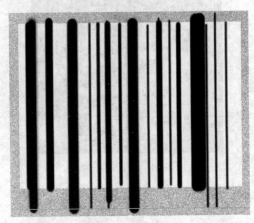

图 8-27　绘制条形码

（5）选择"矩形选框工具"，框选上方参差不齐的线，按"Delete"键删除，按"Ctrl+D"组合键取消选区，用同样的方法删除下方多余的线，得到效果如图 8-28 所示。

图 8-28　完成条形码的绘制

（6）选择"横排文字工具"，输入书号，设置字体为"宋体"，大小为"6"点，颜色为"黑色"，输入下方的数字，设置字体为"宋体，大小为"6"点，颜色为"黑色"，得到效果如图 8-29 所示。

ISBN 978-7-5084-5509-9

5598785622 3　45　667　89

图 8-29　输入数字

（7）新建图层 4，选择"铅笔工具"，设置笔尖大小为"3px"，按"Shift"键画出横直线。

（8）选择"横排文字工具"，输入书号和定价，设置字体为"宋体"，大小为"6"点，颜色为"黑色"，得到效果如图 8-30 所示。

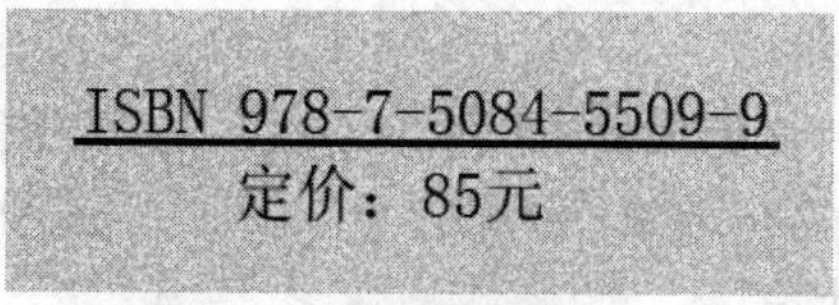

ISBN 978-7-5084-5509-9
定价：85元

图 8-30　文字的输入

（9）选择"横排文字工具"，输入责任编辑和封面设计的文字，调整图像，完成最终效果，如图 8-31 所示。

图 8-31　最终效果

8.1.4　任务小结

本任务主要运用图像编辑工具、文字工具、画笔工具，图层样式以及蒙版的使用等操作来完成实例的最终效果，要求读者能熟练应用，掌握其应用技巧，并能根据本任务的学习完成其他类似的封面设计。

8.2 任务二 糖果包装设计

8.2.1 任务描述

某艺术设计工作室接到一任务，要求根据客户提供的相应素材资料，为其新产品"巧克力糖果休闲食品"设计包装。客户要求设计师在设计的时候要突出品牌，体现巧克力食品的特性。希望你能尽快地完成设计。

8.2.2 任务分析

根据提供的素材和对客户的沟通，了解到该产品主要消费群体为儿童，因此在设计时除满足客户的整体要求外，在版面上要赋予儿童食品的天真活泼气氛，才会对消费群体有吸引力。通过以上分析，构思出该包装的平面效果如图 8-32 和图 8-33 所示。

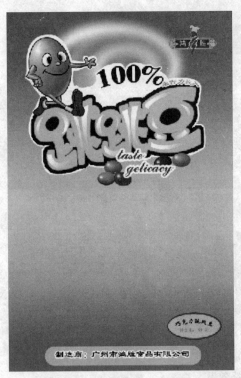

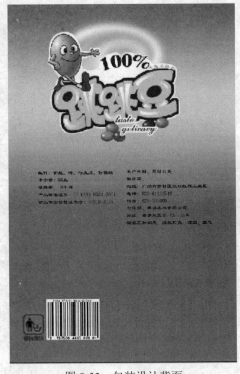

图 8-32　包装设计正面　　　　　　　　　图 8-33　包装设计背面

制作步骤为：首先制作包装的正面效果，其次制作包装的背面效果，最后把平面效果制作出立体包装袋。其中包装袋上的文字特效制作是设计的重点。

知识点：
1. 包装设计的定位
2. 包装设计的色彩、文字和版式
3. 包装设计的立体制作

8.2.3 任务实施

步骤 1 制作包装的正面

（1）按图 8-34 所示的参数，新建一"跳跳豆正面"图形文件。

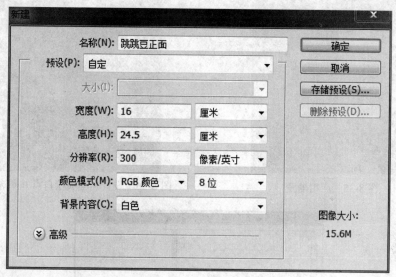

图 8-34 新建文件

（2）设置前景色为灰色（C：0，M：0，Y：0，K：25），按"Alt+Delete"组合键填充当前图层颜色。

（3）按组合键"Ctrl+R"显示标尺，在标尺上拖拽鼠标创建"辅助线"，做为包装袋上的"压边线"。

小知识：压边线。

1）压边线的作用：主要是规范包装袋的封口位置。

2）一般双边封包装袋左右两边压边各 0.5 厘米，上压边 4 厘米，下压边 2 厘米，根据这些参数拖出辅助线。包装是双边封的，因此正背面应分开独立制作。因为正面开透明视窗，所以正面是用普通膜印刷，设计时要考虑到这一点。

（4）新建图层 1，将前景色设置为绿色（C：73，M：0，Y：100，K：0）。选择"渐变工具"，打开"渐变编辑器"，选择渐变类型为"前景到透明"，在文件的上下各拉出两道渐变色，效果如图 8-35 所示，中间的空白处为透明。

（5）新建图层 2，将前景色设置为"白色"。选择"画笔工具"，按"F5"键弹出"画笔"面板，在面板中选择笔触类型，调整大小，在画面上方随意喷几个白点，效果如图 8-36 所示。按"M"键切换到"矩形选框工具"将几个白点圈选。

小提示：圈选白点的原因是为了让接下来的操作只在所选区域里进行，选取区域的大小直接影响操作效果。

（6）选择菜单栏中的【滤镜】→【扭曲】→【旋转扭曲】命令，在弹出的"旋转扭曲"对话框中设置参数如图 8-37 所示，单击"确定"按钮。然后按"Ctrl+D"组合键取消选区，完成的"旋转的奶油"效果如图 8-38 所示。

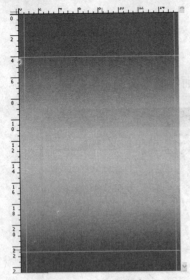

图 8-35 应用渐变   图 8-36 设置画笔喷绘白点并圈选为选区

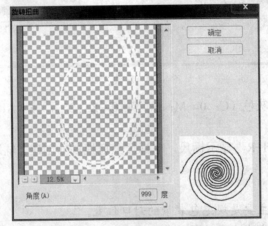

图 8-37 "旋转扭曲"对话框

图 8-38 "旋转的奶油"效果

（7）选择菜单栏中的【滤镜】→【模糊】→【高斯模糊】命令，在弹出的"高斯模糊"对话框中设置参数如图 8-39 所示。

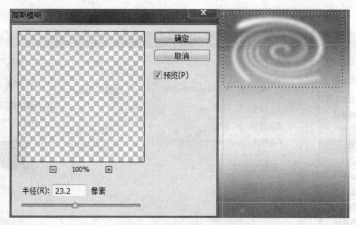

图 8-39　应用高斯模糊

（8）打开本书素材库中的"项目八\跳跳豆.psd"素材文件，将"跳跳豆.psd"图像移至"跳跳豆正面.psd"文件中，调整大小，得到效果如图 8-40 所示。

图 8-40　将图像移至当前文件

（9）在图层面板中按住"Ctrl"键，单击"图层 3"，将"跳跳豆"载入选区，把前景色设置为黄色（C：0，M：13，Y：100，K：0），选择"Ctrl+Delete"组合键填充颜色到"跳跳豆"文字选区。按"Ctrl+T"组合键调整图像大小，得到效果如图 8-41 所示。

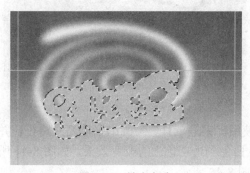

图 8-41　填充色彩

（10）双击图层 3，在弹出"图层样式"对话框中选择"描边"，参数设置如图 8-42 所示。然后按"B"键切换到"画笔工具"，将"跳跳豆"文字的空白处和字间缝隙填充，效果如图 8-43 所示。

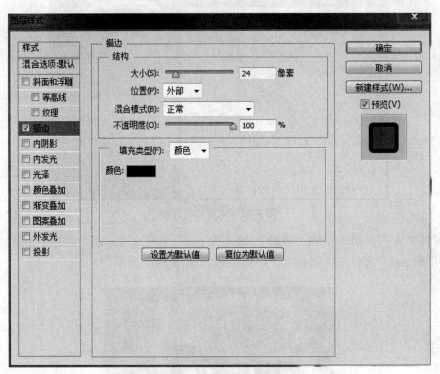

图 8-42　描边样式参数设置

图 8-43　复制图层

（11）新建图层 4，使用"钢笔工具"勾画出字体高光路径，并载入选区。单击"渐变工具"，在选区中拖拽出"从白色到透明色"的渐变效果，如图 8-44 所示。用同样的方法继续进行调整，得到最后效果如图 8-45 所示。

图 8-44　渐变水晶效果

图 8-45　品牌的最后效果

（12）打开本书素材库中的"项目八\卡通豆.psd"素材文件，将"卡通豆.psd"文件拖拽到"跳跳豆"文件中，调整大小和位置，并合并图层，得到"图层 5"，效果如图 8-46 所示。

图 8-46　添加卡通效果

（13）单击"横排文字工具"，在包装版面中分别输入"100%、米克力投入、taste gelicacy"文本图层。选择"100%"文本图层，字体、字号大小自定。

（14）选择菜单栏中的【图层】→【文字】→【文字变形】命令，在对话框中设置参数效果如图 8-47 所示，单击"确定"按钮。

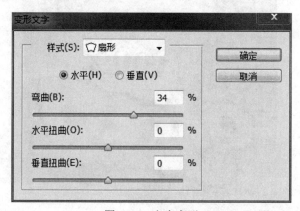

图 8-47　文字变形

（15）为字体添加白色"描边"效果，参数设置如图 8-48 所示。

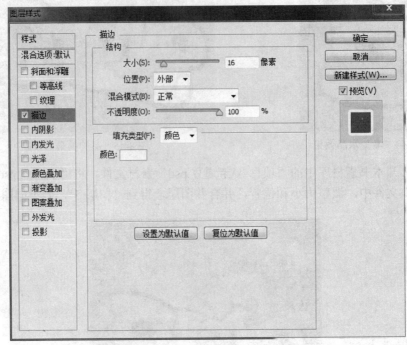

图 8-48　给字体设置"描边"参数

（16）用同样的方法制作"米克力投入、taste gelicacy"的文字效果。

小提示：由于每台电脑安装的字体有所不同，读者在字体选择上可能会跟本案例有区别。所以，读者可根据自己的想法和爱好选择字体，但最终效果要设计合理。

从目前的卡通和字体排版来看，感觉有点凌乱。所以接下来要在"跳跳豆"品牌、扇形变形字体和卡通豆后面填充一个白色色块，以增强版面的层次感。

（17）新建图层 6，设置前景色为"白色"，运用"钢笔工具"环绕"跳跳豆"的"品牌"、"扇形变形字体"和"卡通豆"周围绘制路径，如图 8-49 所示。闭合路径后载入选区，将选区填充为白色，并置于"图层 2"上方，效果如图 8-50 所示。

图 8-49　绘制"背景白底"选区

图 8-50　填充"背景白底"选区

（18）新建图层 7，使用"椭圆工具"在图像的右下角绘制一椭圆，填充为"黄色"（C：0，M：13，Y：100，K：0）。

（19）复制"图层 7"生成 "图层 7 副本"，并置于图层 7 下方，填充为"红色"（C：14，M：99，Y：100，K：0），按"Ctrl+T"组合键将其放大，效果如图 8-51 所示。

（20）使用"横排文字工具"在图层 11 上方输入"巧克力跳跳豆、净含量：88 克"文本图层，根据以上介绍的"变形文本"方法制作变形文字，效果如图 8-52 所示。

图 8-51　绘制椭圆

图 8-52　变形文本

（21）新建图层 12，单击"圆角矩形工具"，将属性栏中的圆角半径设置为 80 像素。首先，在包装的最下方绘制圆角矩形，按"Ctrl+Enter"组合键转为选区，填充为"白色"，并将图层的不透明度设置为"50%"，效果如图 8-53 所示。

（22）输入"制造商：广州市鸿胜食品有限公司"字样，并执行"描边"命令，为文字添加白色描边，效果如图 8-54 所示。

图 8-53　调整选区透明度

图 8-54　添加厂商名称并描边

（23）打开本书素材库中的"项目八\标志.psd"素材文件。使用"移动工具"将"标志"拖曳到当前文件，并运用"Ctrl+T"组合键调整标志大小，如图 8-55 所示，完成包装正面效果如图 8-56 所示。

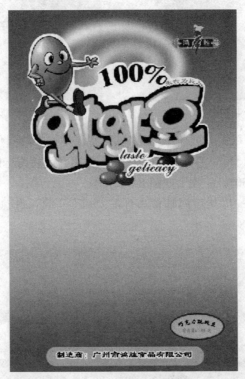

图 8-55　打开标志文件

图 8-56　包装正面完成效果

（24）单击图层面板最上面的图层，按"Ctrl+E"组合键合并图层，将除背景层以外的所有可见图层合并。

（25）按"Ctrl+S"组合键存储该文件为"跳跳豆正面.psd"。

步骤 2　制作包装的背面

（1）按图 8-57 所示的参数，新建一"跳跳豆背面"图形文件。

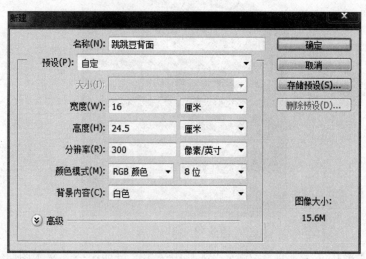

图 8-57　新建文件

（2）选择"渐变工具"，打开"渐变编辑器"并设置渐变色为"绿-黄-绿"，设置完成后在页面中由上至下拖拽填充渐变颜色，效果如图 8-58 所示。

图 8-58　填充渐变颜色

（3）选择"移动工具"，将合并后的图层拖拽到当前文件，按"Ctrl+T"组合键调整图像大小，效果如图 8-59 所示。

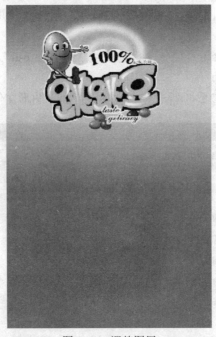

图 8-59　调整图层

（4）使用"横排文字工具"，输入"配料……生产日期……"文本图层，文字效果可参照图 8-60 所示。

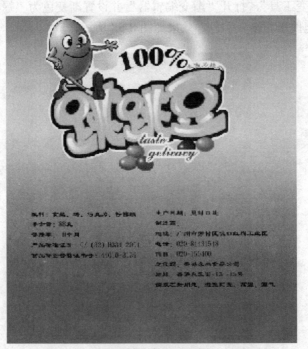

图 8-60　输入文本

（5）打开本书素材库中的"项目八\条形码.psd"素材文件，将其置入当前文件，并按"Ctrl+T"组合键改变图像大小，用"移动工具"将其移至合适的位置，效果如图 8-61 所示。

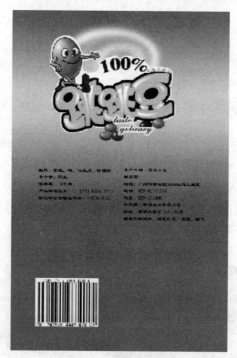

图 8-61　置入条形码

（6）打开本书素材库中的"项目八\保持清洁.psd"素材文件。使用"移动工具"将"保持清洁.psd"和"标志"图层拖拽到"跳跳豆背面"当前文件中，按"Ctrl+T"组合键调整图像大小，效果如图 8-62 所示。

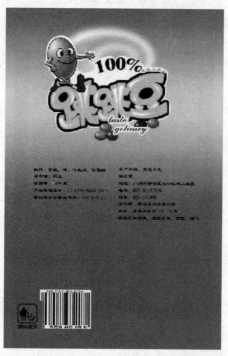

图 8-62　包装背面全部完成

（7）按"Ctrl+S"组合键存储该文件为"跳跳豆背面.psd"。

步骤 3　制作包装袋的立体效果

（1）新建一文件，参数设置为：宽度"25 厘米"，高度"21 厘米"，分辨率"300 像素/英寸"，色彩模式为"RGB 模式"，背景为"白色"。

（2）将前景色设置为橄榄绿色（C：70，M：50，Y：100，K：55），按"Ctrl+Delete"组合键填充前景色。

（3）打开"跳跳豆正面.jpg"和"跳跳豆背面.jpg"文件，运用"移动工具"将"跳跳豆正面.jpg"文件拖拽到当前"立体效果图"中，自动生成图层 1。

（4）新建图层 2，载入"图层 1"选区，单击"渐变工具"，打开"渐变编辑器"，在位置 0，40，85 和 100 处分别设置参数如图 8-63 所示，把渐变色设置为"浅灰-白-深灰-白"，设置完成后在页面中由上至下拖拽填充渐变。

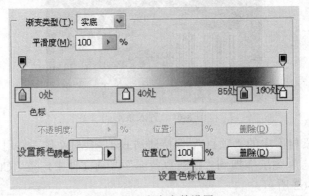

图 8-63　渐变参数设置

（5）按"Ctrl+T"组合键，调整图层 2 大小，效果如图 8-64 所示。

图 8-64　制作白色铝膜

注意：一般双边袋在包装完成后四周都会露出白色铝膜，露出白色铝膜的作用在于加强版面的视觉效果，使成品包装的展示效果更加醒目；其次，露出白色铝膜的位置正好是包装封边的缓冲区，在加热封边时不至于将画面封压过多而破坏版面。

（6）将图层 1 和图层 2 合并为图层 1，选择"矩形选框工具"，框选"图层 1"封袋下封口部分，按"Ctrl+T"组合键将选区变形，使效果更具透视感，如图 8-65 所示。

图 8-65　变形下封口

（7）选择"钢笔工具"，根据膜袋包装高光和反光情况绘制路径，绘制路径情况可参照图 8-66 所示。

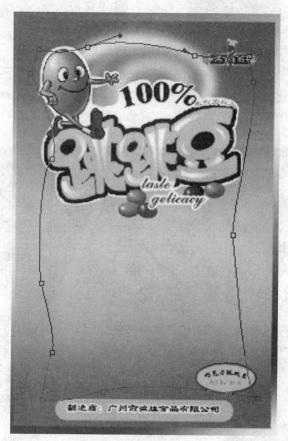

图 8-66　绘制高光路径

（8）按"Ctrl+Enter"组合键将路径转化为选区，并将前景色设置为白色。

（9）选择"画笔工具"，按"F5"键弹出"画笔"面板，参数设置如图 8-67 所示。

（10）使用"画笔工具"沿着高光选区边缘喷涂白色高光，喷涂效果如图 8-68 所示。

（11）选择"椭圆选框工具"，在包装顶端封口处绘制圆孔，按"Delete"键将圆孔删除。

（12）按"Ctrl+T"组合键将包装正面旋转，效果如图 8-69 所示。

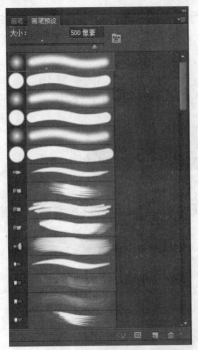

图 8-67　画笔参数设置

图 8-68　运用画笔制作高光

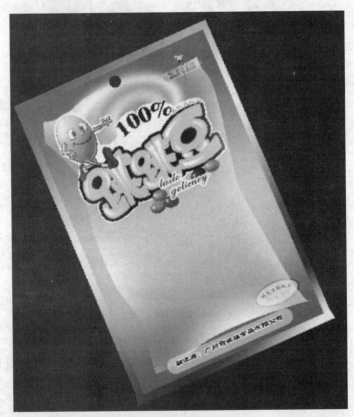

图 8-69　旋转包装正面效果

（13）根据包装正面效果图制作流程，用同样的方法制作出包装背面的立体效果，最终效果如图 8-70 所示。

图 8-70　包装正反面立体效果图完成

（14）选择跳跳豆正面立体效果图层 1，单击"添加图层样式"按钮，在弹出"图层样式"对话框中选择"投影"，参数设置如图 8-71 所示，单击"确定"按钮。

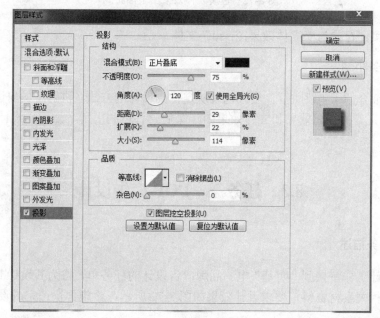

图 8-71　投影参数设置

（15）用同样的方法制作"包装背面立体效果图层2"的投影效果。这时，一张完美的膜袋食品包装效果图就制作完成了，如图8-72所示。

图 8-72　包装立体效果图全部完成

（16）将实例存储为"立体效果图.psd"文件。

8.2.4　任务小结

本任务详细介绍了"跳跳豆"袋式包装从定位到设计的方法，讲解了如何运用 Photoshop CS6 软件制作完美的平面效果和立体效果图。课后读者可利用所学知识，设计制作一款同类的包装效果。

8.3　任务三　POP广告设计

8.3.1　任务描述

某艺术设计工作室接到"明基"电脑品牌广告设计的任务单，将为其设计 POP 广告版面，电脑公司提供相关素材资料，要求设计效果如图8-73所示，希望你快速完成设计。

图 8-73　POP 广告设计

8.3.2　任务分析

为"明基"电脑品牌做 POP 广告，要求在形式上突出主题，图形的运用要恰当，色彩要明快艳丽，整体效果协调统一，视觉冲击力强，发挥 POP 广告设计的作用。本任务可以运用 Photoshop CS6 的常用工具和特殊效果来完成。

知识点：

1．图像编辑
2．图层样式
3．画笔工具
4．文字工具

8.3.3　任务实施

（1）启动 Photoshop CS6，打开"新建"对话框，参数设置如图 8-74 所示，新建一"POP 广告设计"图形文件。

（2）新建图层 1，用"钢笔工具"绘制路径，得到效果如图 8-75 所示，并将路径转换为选区，设置前景色为淡黄色（#ffcc00），按"Alt+Delete"组合键填充色彩，效果如图 8-76 所示。

（3）复制图层 1，得到"图层 1 副本"，设置前景色为绿色（#74cb00），将淡黄色部分填充绿色，按"Ctrl+T"组合键将其旋转并调整大小，得到效果图 8-77 所示。

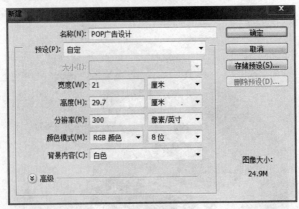

图 8-74　新建文件

图 8-75　绘制路径

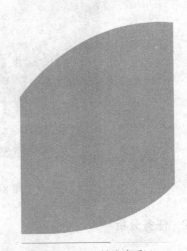

图 8-76　填充色彩

（4）打开本书素材库中的"项目八\键盘.psd"素材文件，将键盘图像拖拽到当前文件，自动生成"图层 2"，按"Ctrl+T"组合键调整大小，得到效果如图 8-78 所示。

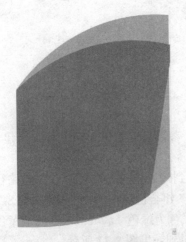

图 8-77　填充绿色

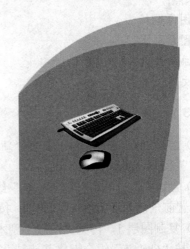

图 8-78　调整大小

（5）选择图层样式中的"描边"，设置参数如图 8-79 所示，得到效果如图 8-80 所示。

图 8-79 设置描边　　　　　　　　图 8-80 描边后效果

（6）新建图层 3，选择"画笔工具"，设置大小不同的笔触，前景色为白色，在画布中随意画几个圆点，效果如图 8-81 所示。

图 8-81 画笔工具的使用

（7）打开本书素材库中的"项目八\人物.psd"素材文件，将人物图像拖拽到当前文件，自动生成"图层 4"，连续按"Alt"键三次复制"图层 4"，得到"图层 4 副本"、"图层 4 副本 2"、"图层 4 副本 3"，按"Ctrl+T"组合键调整大小，得到效果如图 8-82 所示。

图 8-82 复制和调整图层

（8）选择"文字工具"，输入"酷"，文字属性栏参数设置如图 8-83 所示。选择菜单栏中的【图层】→【文字】→【文字变形】命令，参数设置如图 8-84 所示，单击"确定"按钮。

图 8-83　文字属性栏参数设置

（9）选择菜单栏中的【图层】→【栅格化】→【文字】命令，将字体颜色设置为"红色"，图层样式选择"描边"，设置参数如图 8-85 所示，单击"确定"按钮。

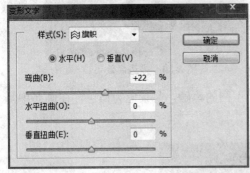

图 8-84　"变形文字"对话框

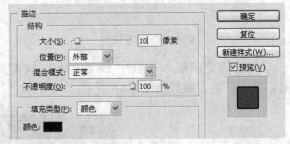

图 8-85　设置描边

（10）选择"文字工具"输入"BenQ"，字体为"Swis721 Blk BT"，字号为"24pt"；"给你好看"字体为"隶书"，字号为"24pt"，字体颜色为"红色"，图层样式选择"描边"，设置参数如图 8-85 所示。

（11）选择属性栏中的字符，在字符面板中设置参数如图 8-86 所示，调整行间距。

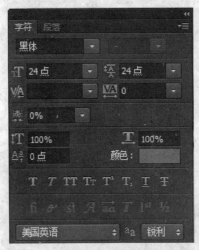

图 8-86　调整行间距

（12）选择"文字工具"，输入"WOOO"，参数设置如图 8-87 所示。复制"WOOO 图层"，得到"WOOO 图层副本"，将其移至"WOOO 图层"下方，字体颜色设置成黑色，按"Ctrl+T"组合键调整大小，得到效果如图 8-88 所示。

图 8-87　设置字体和字号

图 8-88　设置字体效果

（13）新建"图层 5"，将其放置在"图层 1 副本"之上，用"画笔工具"在画布中绘制背景图案，设置前景色为淡绿色（#bdec6c），效果如图 8-89 所示。

图 8-89　绘制背景图案

（14）用"文字工具"在画布的右下角输入"BenQ"，字体为"Swis721 Blk BT"，字号为"48pt"，前景色为深蓝色（#010250），用上述方法输入"享受快乐科技"，字体为"隶书"，字号为"24pt"，得到效果如图 8-73 所示。

8.3.4　任务小结

本任务主要运用图像编辑工具、文字工具、画笔工具以及图层样式等操作来完成实例的最终效果，要求读者能熟练应用工具，掌握其应用技巧，并能根据本任务的学习完成各种广告设计。

8.4 任务四 网站页面设计

8.4.1 任务描述

公司接到一学院网站页面设计的任务单，要求设计新颖、简洁、生动、突出学校的文化底蕴，且保持网站结构合理，色彩搭配和谐、美观，效果如图 8-90 所示，希望你能按要求快速完成设计。

图 8-90 学院静态网页

8.4.2 任务分析

本任务在设计制作时要充分考虑页面的简洁性、美观性，能够体现出学院的办学风格，在颜色上也要力求和谐性、整体性。

知识点：
1. 矩形选框工具
2. 文字工具
3. 标尺、辅助线

8.4.3 任务实施

步骤 1 网站 Banner 制作

（1）启动 Photoshop CS6，打开"新建"对话框，参数设置如图 8-91 所示，新建"山东华宇工学院静态网页"图形文件。

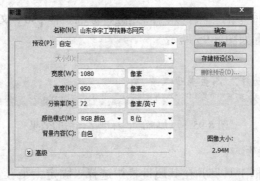

图 8-91　新建文件

（2）单击"矩形选框工具"并在其属性栏中选择"固定大小"，宽度为"1080 像素"，高度为"150 像素"，如图 8-92 所示。

图 8-92　矩形选框工具属性栏

（3）用"矩形选框工具"在画布顶端拖拽出矩形选区，效果如图 8-93 所示。

图 8-93　创建选区

（4）新建图层 1，设置前景色为浅灰色（#f2f1f9），背景色为深灰色（#bac3e2），选择"渐变工具"并在其属性栏中设置"线性渐变"，拖拽鼠标在选区内自上而下填充渐变颜色，效果如图 8-94 所示。

图 8-94　填充渐变色

（5）打开本书素材库中的"项目八\标志.jpg、标准字体.psd"文件，自动生成"图层 2"、"图层 3"，其大小及位置如图 8-95 所示。

图 8-95　添加标志、标准字体后的效果

步骤 2　网站导航制作

（1）单击"矩形选框工具"并在其属性栏中选择"固定大小"，宽度为"1080 像素"，高度为"45 像素"，如图 8-96 所示，用"矩形选框工具"在画布中拖拽出矩形选区，如图 8-97 所示。

| □ ▼ | □ □ □ □ | 羽化: 0 像素 | 消除锯齿 | 样式: 固定大小 ÷ | 宽度: 1080 像 ⇄ 高度: 45 像素 | 调整边缘… |

图 8-96　矩形选框工具属性栏

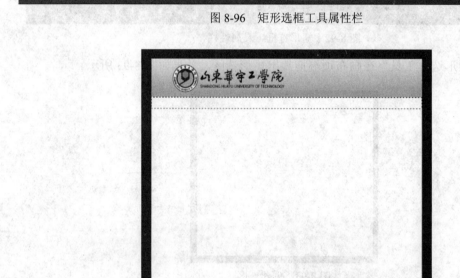

图 8-97　创建选区

（2）新建图层 4，并在矩形选区内填充深蓝色（#1e2f74），效果如图 8-98 所示。

图 8-98　填充深蓝色

（3）单击"文字工具"，其属性设置如图 8-99 所示，并输入文字，效果如图 8-100 所示。

| T ▼ | ↕T | 黑体 ▼ | ▼ | T 18 点 ▼ | aa 锐利 ÷ | ▤ ▤ ▤ | ■ | ⌐ | ▤ |

图 8-99　文字工具属性栏

图 8-100　输入文字

（4）打开本书素材库中的"项目八\学院风景.jpg"文件，选择"移动工具"，将其拖拽到"山东华宇工学院静态网页"文件中，自动生成"图层 5"，其大小、位置如图 8-101 所示。

图 8-101　载入学院风景素材

步骤 3　网站内容模块制作

（1）按"Ctrl+R"组合键显示"标尺"，用鼠标分别从左侧、顶部标尺各拖拽出两条辅助线，效果如图 8-102 所示。

图 8-102　拖拽辅助线

（2）单击"文字工具"，其属性设置如图 8-103 所示，在画布中输入文字"新闻动态"，如图 8-104 所示。

图 8-103　文字工具属性栏

图 8-104　输入文字

（3）新建"图层 7"，单击"矩形选框工具"，其属性设置如图 8-105 所示，在画布中拖拽出选区，并填充灰色（#c3c2c2），效果如图 8-106 所示。

图 8-105　矩形选框工具属性栏

图 8-106　填充灰色

（4）打开本书素材库中的"项目八\新闻媒体.jpg"文件，选择"移动工具"，将其拖拽到"山东华宇工学院静态网页"文件中，自动生成"图层8"，其大小、位置如图8-107所示。

图8-107 添加素材

（5）新建"图层9"，选择"矩形选框工具"，其属性设置如图8-108所示，并填充白色。在图层面板中将图层不透明度设置为40%，如图8-109所示。

图8-108 矩形选框工具属性栏

图8-109 设置图层不透明度

（6）单击"横排文字工具"，输入"山东教育电视台报道我院办学业绩"字样，其大小、位置如图 8-110 所示。

图 8-110　输入文字

（7）用同样的方法制作其他两块区域的图形和文字，效果如图 8-111 所示。

图 8-111　制作文字和图形

（8）打开本书素材库中的"项目八\图标 1.jpg～图标 12.jpg"素材文件，选择"移动工具"，分别将其拖拽到"山东华宇工学院静态网页"文件中并输入相应的文字，其大小、位置如图 8-112 所示。

图 8-112 载入图形和文字

（9）新建"图层10"，选择"矩形选框工具"，其属性设置如图 8-113 所示，并填充灰色（#dcdeea），如图 8-114 所示。

图 8-113 矩形选框工具属性栏

图 8-114 填充灰色

（10）单击"横排文字工具"并输入文字，效果如图 8-115 所示。

图 8-115　输入文字

（11）选择菜单栏中的"视图/清除参考线"命令，关闭参考线。完成最终效果如图 8-116 所示。

图 8-116　最终效果

8.4.4　任务小结

本任务主要运用矩形选框工具、文字工具及标尺和辅助线等操作来完成实例的最终效果，要求读者具有创新意识，并能根据本任务的学习完成各种网页静态页面的设计。

8.5　任务五　照片改色

8.5.1　任务描述

一客户要求把一张春季绿色调为主的照片，如图 8-117 所示，处理成秋季暖色调的艺术照片，效果如图 8-118 所示。要求照片的整体色调柔和、唯美。希望你能快速完成。

图 8-117　原图　　　　　　　　　　　图 8-118　最终效果图

8.5.2　任务分析

对比色调色方法有很多，本任务重点是把高光及暗部的颜色分开，高光及中间调部分的颜色转为暖色，暗部颜色转为冷色，再把整体颜色调柔和即可。

知识点：

1. 可选颜色
2. 色彩平衡
3. 色相饱和度

8.5.3 任务实施

步骤 1 把绿色转换为青绿色

（1）启动 Photoshop CS6，打开本书素材库中的"项目八\8-117.jpg"素材文件，如图 8-117 所示。

（2）单击图层面板下方的"创建新的填充或调整图层"按钮，在下拉菜单中选择"可选颜色"命令，弹出"可选颜色"属性面板，其参数设置如图 8-119 所示。

图 8-119 "可选颜色"属性

（3）创建"色相/饱和度"调整图层，对"绿色"进行调整，其参数设置如图 8-120 所示，并把该调整图层的不透明度设置为 50%。

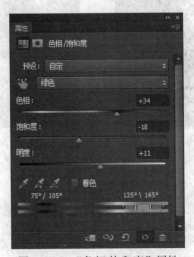

图 8-120 "色相/饱和度"属性

步骤 2 增加橙黄色

（1）创建"可选颜色"调整图层，对"黄、绿、青、白"分别进行调整，其参数设置如图 8-121 至图 8-124 所示，图片效果如图 8-125 所示。

图 8-121 "可选颜色/黄色"属性

图 8-122 "可选颜色/绿色"属性

图 8-123 "可选颜色/青色"属性

图 8-124 "可选颜色/白色"属性

图 8-125 调整颜色后的效果

（2）创建"曲线"调整图层，对"红、绿、蓝"分别进行调整，其参数设置如图 8-126 至图 8-128 所示，图片效果如图 8-129 所示。

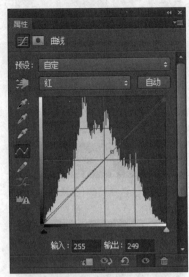

图 8-126 "曲线/红色"属性

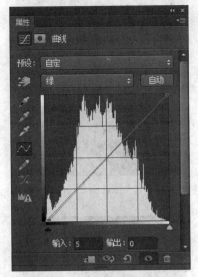

图 8-127 "曲线/绿色"属性

图 8-128 "曲线/蓝色"属性

图 8-129 调整颜色后的效果

（3）创建"色相/饱和度"调整图层，对"黄、绿"分别进行调整，其参数设置如图 8-130 和图 8-131 所示，图片效果如图 8-132 所示。

（4）新建一个图层，按"D"键，把前景、背景颜色恢复到默认的黑、白两色。

（5）选择菜单栏中的【滤镜】→【渲染】→【云彩】命令，单击"确定"按钮后把该图层的混合模式设置为"滤色"，不透明度设置为 30%，图片效果如图 8-133 所示。

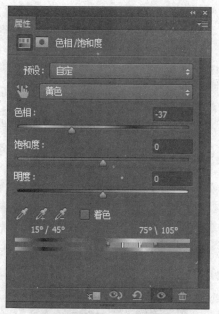

图 8-130　"色相/饱和度/黄色"属性

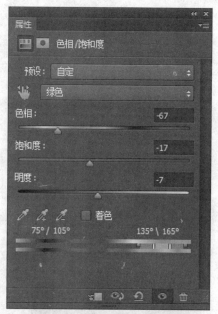

图 8-131　"色相/饱和度/绿色"属性

图 8-132　调整颜色后的效果

图 8-133　添加"云彩"后的效果

（6）创建"可选颜色"调整图层，分别对"红、青、白、中性、黑"进行调整，其参数设置如图 8-134 至图 8-138 所示，图片效果如图 8-139 所示。

图 8-134 "可选颜色/红色"属性

图 8-135 "可选颜色/青色"属性

图 8-136 "可选颜色/白色"属性

图 8-137 "可选颜色/中性色"属性

图 8-138 "可选颜色/黑色"属性

图 8-139 调整颜色后的效果

步骤3　图片暗部及高光部分增加蓝色

（1）创建"色彩平衡"调整图层，分别对"阴影、中间调、高光"进行调整，其参数设置如图 8-140 至图 8-142 所示，图片效果如图 8-143 所示。

图 8-140　"色彩平衡/阴影"属性

图 8-141　"色彩平衡/中间调"属性

图 8-142　"色彩平衡/高光"属性

图 8-143　调整颜色后的效果

（2）创建"可选颜色"调整图层，分别对"红、黄、青，白"进行调整，其参数设置如图 8-144 至图 8-147 所示，图片效果如图 8-148 所示。

图 8-144　"可选颜色/红色"属性

图 8-145　"可选颜色/黄色"属性

图 8-146　"可选颜色/青色"属性

图 8-147　"可选颜色/白色"属性

图 8-148　调整颜色后的效果

（3）按"Ctrl+Alt+2"组合键调出高光选区，按"Ctrl+Shift+I"组合键对选区进行反选。

（4）创建"色彩平衡"调整图层，对"阴影"进行调整，其参数设置如图 8-149 所示，图片效果如图 8-150 所示。

图 8-149　"色彩平衡/阴影"属性

图 8-150　调整颜色后的效果

步骤 4　柔化处理

（1）新建一个图层，将图层的混合模式设置为"滤色"，把前景色设置为橙黄色（#DA811C），用柔边画笔把下图选区部分涂上前景色，图片效果如图 8-151 所示。

图 8-151　涂色后的效果

（2）新建一个图层，按"Ctrl+Alt+Shift+E"组合键盖印图层。

（3）选择菜单栏中的【滤镜】→【模糊】→【动感模糊】命令，在其对话框中设置角度为-45度，距离为150，单击"确定"按钮，把该图层的混合模式设置为"柔光"，不透明度设置为30%，图片效果如图 8-152 所示。

图 8-152　设置"柔光"后的效果

（4）创建"可选颜色"调整图层，分别对"红、黄，蓝"进行调整，其参数设置如图 8-153
至图 8-155 所示，图片效果如图 8-156 所示。

图 8-153　"可选颜色/红色"属性

图 8-154　"可选颜色/黄色"属性

图 8-155　"可选颜色/蓝色"属性

图 8-156　最终效果

8.5.4　任务小结

本任务的完成多次使用了"创建新的填充或调整图层"下拉菜单中的"可选颜色"、"色
相饱和度"、"色彩平衡"等命令，其参数设置没有固定数值，可根据自己喜好改变颜色设置，
以达到自己理想的色彩效果。

8.6 强化训练

1. 设计制作图书封面，要求尺寸准确，图形运用合理，色彩协调，突出工具书的特点。效果如图 8-157 所示。

图 8-157 图书封面

2. 制作茶叶手提袋立体效果，如图 8-158 所示。

图 8-158 茶叶手提袋

3. 将图 8-159 所示的人物照片使用色彩调整的有关知识，达到如图 8-160 所示的效果。

图 8-159　处理前的人物照片

图 8-160　处理后的人物照片

附录一 参考课时分配

项目	课程内容	案例	学时分配	
			讲授	实训
项目一	基本工具的使用	制作七星瓢虫	2	2
		七星瓢虫回归大自然	1	1
		制作靶心	1	1
		人物面部祛斑	1	1
项目二	图层	绘制地毯	1	1
		绘制梦幻圆角星星	2	2
		绘制彩妆效果	1	2
项目三	文字应用	制作背景字	1	1
		制作特效字体	1	2
		制作琥珀文字	2	2
项目四	图像编辑	制作标志	2	2
		设计宣传海报	2	2
		照片着色	1	1
项目五	图像色彩调整	制作快照	1	1
		制作风景照	2	2
		处理个性照片	2	2
项目六	蒙版和通道	合成图片	2	2
		处理个人写真	1	1
		处理婚纱照	2	2
项目七	滤镜应用	制作绚丽背景	1	1
		制作节日烟花	1	1
		制作水墨画	1	1
项目八	综合实例制作	《红楼梦》书籍封面设计	1	2
		糖果包装设计	1	2
		POP广告设计	1	1
		网站页面设计	1	1
		照片改色	1	1
课时总计			36	40

附录二 Photoshop CS6 常用快捷键

一、工具箱

【A】路径选择工具、直接选取工具

【B】画笔工具、铅笔工具

【C】裁剪工具

【D】默认前景色和背景色

【E】橡皮擦、背景擦除、魔术橡皮擦

【G】渐变工具、油漆桶工具

【H】抓手工具

【I】吸管、颜色取样器、度量工具

【J】喷枪工具

【K】切片工具、切片选择工具

【L】套索、多边形套索、磁性套索

【M】矩形、椭圆选框工具

【N】写字板、声音注释

【O】减淡、加深、海棉工具

【P】钢笔、自由钢笔

【Q】切换标准模式和快速蒙版模式

【R】模糊、锐化、涂抹工具

【S】橡皮图章、图案图章

【T】文字工具

【U】矩形、圆边矩形、椭圆、多边形、直线

【V】移动工具

【W】魔棒工具

【X】切换前景色和背景色

【Y】历史画笔工具、艺术历史画笔

【Z】缩放工具

【Ctrl】临时使用移动工具

【Alt】临时使用吸色工具

【空格】临时使用抓手工具

二、文件操作

【Ctrl】+【N】新建图形文件

【Ctrl】+【O】打开已有的图像

【Ctrl】+【Alt】+【O】打开为...

【Ctrl】+【W】关闭当前图像

【Ctrl】+【S】保存当前图像

【Ctrl】+【Shift】+【S】另存为...

【Ctrl】+【P】打印

【Ctrl】+【Q】退出 Photoshop

三、编辑操作

【Ctrl】+【Z】还原/重做前一步操作

【Ctrl】+【Alt】+【Z】一步一步向前还原（默认可还原 20 步）

【Ctrl】+【Shift】+【Z】一步一步向后重做

【Ctrl】+【T】自由变换

四、图像调整

【Ctrl】+【L】调整色阶

【Ctrl】+【Shift】+【L】自动调整色阶

【Ctrl】+【Alt】+【Shift】+【L】自动调整对比度

【Ctrl】+【M】打开"曲线调整"对话框

【Ctrl】+【B】打开"色彩平衡"对话框

【Ctrl】+【U】打开"色相/饱和度"对话框

【Ctrl】+【Shift】+【U】去色

【Ctrl】+【I】反相

【Ctrl】+【Shift】+【X】打开"液化（Liquify）"对话框

五、图层操作

【Ctrl】+【Shift】+【N】从对话框新建一个图层

【Ctrl】+【J】通过拷贝建立一个图层（无对话框）

【Ctrl】+【G】与前一图层编组

【Ctrl】+【Shift】+【G】取消编组

【Ctrl】+【[】将当前层下移一层

【Ctrl】+【]】将当前层上移一层

【Ctrl】+【Shift】+【[】将当前层移到最下面

【Ctrl】+【Shift】+【]】将当前层移到最上面

【Alt】+【[】激活下一个图层

【Alt】+【]】激活上一个图层

【Shift】+【Alt】+【[】激活底部图层

【Shift】+【Alt】+【]】激活顶部图层

【Ctrl】+【E】向下合并或合并联接图层

【Ctrl】+【Shift】+【E】合并可见图层

【Ctrl】+【Alt】+【Shift】+【E】盖印可见图层

六、选择功能

【Ctrl】+【A】全部选取

【Ctrl】+【D】取消选择

【Ctrl】+【Shift】+【D】重新选择

【Ctrl】+【Alt】+【D】羽化选择

【Ctrl】+【Shift】+【I】反向选择

七、视图操作

【Ctrl】+【+】放大视图

【Ctrl】+【-】缩小视图

【Ctrl】+【0】满画布显示

【Ctrl】+【Alt】+【0】实际像素显示

【Ctrl】+【R】显示/隐藏标尺

【Ctrl】+【Alt】+【;】锁定参考线

【F6】显示/隐藏颜色面板

【F7】显示/隐藏图层面板

【F8】显示/隐藏信息面板

【F9】显示/隐藏动作面板

【TAB】显示/隐藏所有命令面板

【Shift】+【TAB】显示或隐藏工具箱以外的所有调板

【Ctrl】+【Shift】+【L】左对齐或顶对齐

【Ctrl】+【Shift】+【C】中对齐

【Ctrl】+【Shift】+【R】右对齐或底对齐

【←】/【→】左 / 右移动 1 个字符

【↑】/【↓】下 / 上移动 1 行

【Ctrl】+【←】/【→】左 / 右移动 1 个字

【Ctrl】+【Shift】+【<】将所选文本的文字大小减小 2 点像素

【Ctrl】+【Shift】+【>】将所选文本的文字大小增大 2 点像素

【Ctrl】+【Alt】+【Shift】+【<】将所选文本的文字大小减小 10 点像素

【Ctrl】+【Alt】+【Shift】+【>】将所选文本的文字大小增大 10 点像素

【Alt】+【↓】将行距减小 2 点像素

【Alt】+【↑】将行距增大 2 点像素

【Alt】+【←】将字距微调或字距调整减小 20/1000ems

【Alt】+【→】将字距微调或字距调整增大 20/1000ems

【Ctrl】+【Alt】+【←】将字距微调或字距调整减小 100/1000ems

【Ctrl】+【Alt】+【→】将字距微调或字距调整增大 100/1000ems

参考文献

[1] Photoshop 图像处理. 余辉，胡爱萍编著. 上海：东方出版社，2008.

[2] 数码后期处理岗位实训教程. 梁姗主编. 北京：机械工业出版社，2009.

[3] Photoshop CS5 中文版案例教程. 李涛编著. 北京：高等教育出版社，2012.

[4] Photoshop CS4 多媒体教学经典教程. 雷波编著. 北京：清华大学出版社，2009.

[5] Photoshop CS5 图像处理基础教程. 汤智华，宋波编著. 北京：人民邮电出版社，2012.

[6] 中文版 Photoshop CS6 完全自学教程. 李金明编著. 北京：人民邮电出版社，2012.

[7] Photoshop CS6 标准教材. Adobe 编写组，刘大智编著. 北京：北京希望电子出版社，2013.

[8] Photoshop CS6 基础培训教程（中文版）. 数字艺术教育研究室编著. 北京：人民邮电出版社，2012.